U0048578

Round the World in 80 Dishes:
The World Through Kitchen Window

環遊世界
80碟菜

讓我們走遍全世界，
進行一場屬於「吃貨」的壯旅。

萊斯蕾·布蘭琪（Lesley Blanch）著
廖婉如 譯

謹以此書向朱爾・凡爾納（Jules Verne）的經典作
《環遊世界八十天》致敬

目錄

1992年再版序

　　將近四十年前我撰寫這本書時，英國民眾仍然受到戰後在旅遊及飲食方面的諸多限制。但命運待我不薄，它把我推向海外，讓我過著較不受限的生活，得以廣泛旅行涉獵美食。因此，朋友收到我寄回家鄉的明信片時，總是嫉羨不已。（馬斯喀特。與珍珠潛水夫在他們的船上吃晚餐。豪氣的大餐。鯊魚煲和無花果果醬配布丁。真希望你也同在。）

　　今天，人人搭飛機旅行，對各種美食趨之若鶩，遍嘗想像得到與想像不到的各地料理，即使不出遠門，也一樣能買到讓人眼花撩亂的各色冷凍食品，所以我能補充的並不多。儘管如此，持續有很多人在詢問這本早年的書，忠實的讀者告訴我，他們依舊興味盎然地按照我這些經典或簡化的食譜做菜。

　　不過請新讀者在翻開書頁，一邊隨興想著要來料理一道剛果烤雞或果戈蒙戈蛋酒之前，且容我一提我取得這些食譜以及手繪這些插圖的年代。在那之後，全球政治傾軋、恐怖主義、飢荒貧瘠、電視興起以及所謂的發

展進步，掃除了傳統與地方色彩，代之以無情的劃一，或蕭索荒涼。假使現在回到羅馬尼亞，我真懷疑是否還能找到記憶中那些令人會心一笑的景象。我當年描述的情景，如今已不復見，令人椎心。其他地方亦然……花草動物、開放的空間、無拘的大海，莫不消逝無蹤。

　　不論如何，幾許傳統的遺風——多半是出現在家庭餐桌上——確實仍在某處迴盪，受到珍視，幾乎可說是大膽地挑戰著現狀。我衷心希望讀者們仍然能透過這本過往之書，透過我雙眼所照見的庖廚之窗，窺得這些色香味。

萊斯蕾・布蘭琪，1992年

獻給我的母親　瑪莎·布蘭琪
我在她爐邊享用的餐點，遠勝其他人的盛宴

前言

　　據說民族的形成是食物造就出來的：飲食無疑影響了民族性。以軟糊食物餵養長大的獅子嗜愛羔羊。士兵消化不良就打不了勝仗，我們都知道，胃腸是征戰的關鍵。惠特曼在談到卡萊爾[1]時寫道：「每一頁都談到消化不良，有時充斥一整頁……其細數的英雄才幹與氣魄莫不以肚囊為後盾，肚囊左右大局。」

　　氣候肯定也形塑了種族與性格，並透過不同的飲食方式呈現出分別來。比方說，一般以為南方食物油膩，南方人也熱情如火。其實大謬不然。如果你想找讓人難以消受的熱情以及令人做惡夢的那種濃厚油膩的料理，你得到北方去，到易卜生[2]的家常生活那類昏暗閉塞卻又火熱的北國，而我認為，那種食物很可能就是杜斯妥也夫斯基幾度大出走的原因。屬於卡拉馬助夫兄弟們、

1　湯瑪斯‧卡萊爾（Thomas Carlyle, 1795-1881），英國維多利亞女王時代的著名歷史學家與哲學家。在1840年寫了《論英雄與英雄崇拜》（*On Heroes, Hero Worship and the Heroic in History*）。

2　易卜生（Ibsen），挪威劇作家，被認為是現代現實主義戲劇的創始人。

紅顏薄命的安娜卡列尼娜，以及葛斯塔·伯林的《物
語》[3]的北國，是布利尼鬆餅（*blini*）和比哥斯獵人燉肉
（*bigos*）、俄式鮭魚鹹派（*koulobiak*）以及醃鯡魚和酸
奶油所在的土地，讓人消化不良又反躬內省。相反地，
地中海地區總是一派清爽──輕食、隨性之愛、清風、
海洋、湛藍、調情，各個民族仍秉持希臘或羅馬古典主
義的遺風──講求均衡與邏輯，反映在日常生活的諸多
面向，其中之一是飲食習性非常簡單。

> 盧庫魯斯[4]醉心於追求簡樸，
> 在薩賓（Sabine）農田吃烤蕪菁。

　　在這一帶，要過得好、過得簡單很容易，愛與恨與
再愛一回都輕易⋯⋯在這裡，感情不會久久悶燒，反而
容易沸騰、重燃。驕陽予人活力，卻也是毒品，消磨了
人受苦的毅力，而這種毅力在北方根深蒂固。在南方，
熱情易燃易滅，無須醞釀，很少會消化不良。

　　假使你周遊四方，就像我曾有的那些機會，觀察周
遭各色民族吃些什麼、如何吃並探究緣由，那麼你會發

---

3 《葛斯塔·伯林物語》（Gosta Berling's Atonement），1920年代瑞典的
　經典默片，改編自1891年出版的同名小說。

4 盧庫魯斯（Lucullus），羅馬共和國末期著名將領。

現，很多民族雖然享用著明顯不智的食物組合，但很少（根據統計數字以及專治消化不良藥品的普及）像現今吃罐頭食物的美國人和生活簡樸的英國人那麼常犯胃疾。

英國食材若運用得當是非常好的：但通常是料理方式出了問題。我寫這本書的用意，不是要把你從美好的英國食物帶開，而是提供你補充菜色之用的一趟料理之旅——透過餐桌看看世界其他地方，但願其他民族的食物會讓你對自身的飲食更感興趣——以及最重要的，更關心好料理的標準何在。在我暢談從旅行中收集來的各國食譜之前，我想對卡路里妖怪盤據日常生活，使得人們還沒學會做菜已經對卡路里小題大作的情況略抒己見。這妖怪似乎無所不在，一個無遠弗屆、遍行全球的煞風景傢伙。當今在近東國家，飢荒並非陌生，而豐腴曲線還曾經備受激賞，但營養學陰險地抬頭，街上到處可見磅秤，面露焦急的鄉下人像中邪似的一而再站上磅秤，就像露天遊樂場的遊客走走逛逛餘興的雜耍秀。

曾經，吃得好本身就是目的。人不是吃得好，就是吃得不好。富人吃過量，窮人吃得不夠；然而狄更生說過，牡蠣是窮人的食物，看來貧苦人家也得到了彌補。過去很多人「在餐桌上勝出」，這一開始的錯誤觀念，讓他們的腰線很快失守。而如今陰影降臨廚房內。某種

集體的飲食意識像鬼魅般在每一席盛宴出現，嘶吼著：代糖！生菜！不要麵包！只要一顆馬鈴薯！

　　在昔日，英國和美國旅人只要涉足海外，踏上歐陸，便會展開一系列虔誠的美食朝聖，帶著飽足之人特有的泛著油光且目光呆滯的神色，從餐廳轉戰到美食重鎮。但如今，不管在家鄉或海外，他們入座後看著菜單計算著卡路里（尤其是在意身材的美國人），用過去盤纏有限的旅人會有的那種專注，盤算著自己的度量衡（「不要湯，要一份甜點，……咖啡算是額外的」）。

　　因此，我有心理準備讀者會一面翻書頁一面不安地嘀咕。假若一整頓餐全端出我收錄的菜餚，而不是如我建議的偶爾當作試驗的新菜色，結果可能會份量太多了。但我遵循所謂美好又有趣的老派飲食標準，而且視為首要。所以，走下磅秤進廚房吧！

　　烹調就跟吃一樣是由你去創造的。對某人來說，烹調是一種習慣；對其他人來說，是一種充滿想像的藝術。每一道菜背後都有好幾世紀的歷史、典故、探索和冒險。我這一生都喜歡吃得好。我總懷疑那些口口聲聲說「我不在乎吃」的人。多年來我甘於享受他人的料理，從餐廳的菜單裡發掘抽象或空談的樂趣，並將我的發現貼在美食剪貼簿上。

　　一直到後來，而且是很後來，我才進廚房，為俄裔

法籍丈夫洗手作羹湯。我想像自己做出意想不到的美味佳餚，還想像我們夫妻倆一同在廚房裡度過許多歡樂時光，一同俯身在爐火前，實驗新菜色，因成功而紅光滿面，烹調出各種經典菜色，揮灑創意，每一樣都散發了幾許個人特色。

但事與願違。我一介英國人，始終沒能讓外子愛上民族風味。蝸牛、白菜湯、洛林鹹派？他偏愛牛排，寧願吃圓麵包草草裹腹也不肯下廚做菜。於是我們每到一處，我只好獨自用犁掘出益發肥沃的田畦，品嘗、收集食譜，在每個國家的每個廚房裡烹煮。

這本書不是基礎料理書，因為大多數的廚房都有那麼一本了，它不如說是對料理有熱情的新手入門。在多數情況下，書中的食譜都被簡化了，或者根據現有條件以及很可能是生手調整過，而這些生手對於製作剛果、墨西哥或其他地方料理的興頭應該大過料理雞蛋。

今天，在你自家的英國廚房，你可以按自身喜好吃遍全球料理。得力於形形色色的罐頭食品，以及在最小的雜貨鋪裡——加上一點巧思和進取心——也能找得到多樣食材，你可以在中午吃土耳其菜或拉普蘭菜，晚上吃敘利亞菜。你可以嘗試名稱聽起來怪異的菜餚，譬如烤蘋果鑲肉（*Fouja djedad*）、烤肉串（*Shashlik*）、烤茄子鑲菜（*Imam bäildi*）、煎魚餅（*Kotletki*）和果戈蒙戈

蛋酒（*Gogel-mogel*）。

　　我介紹的菜餚不見得是某個國家最經典的菜色，就如我先前說的，很多食譜都根據國內目前的限制調整過。就連大蒜、蒔蘿和酒——許多歐陸料理的三樣基本食材——在英國某些地區也不容易取得。話說回來，一些最出色的料理，譬如馬倫哥燉雞（*Poulet Marengo*），不就是在食材短缺之際，窮則變變則通，臨時急就章湊合出來的？因此匱乏無疑能夠刺激真正是當廚子的料的那些人發揮天分。

　　我無意鼓勵讀者用酒過度，但還是建議讀者們加水要謹慎。假使你不堅決讓水待在該待的地方——在我心裡就是洗碗盆——水會把好食物給毀了。沸滾冒泡就麻煩了，[5]或許是一般英國廚子的座右銘。太多菜餚一煮到沸滾就泡湯了。舉例來說，魚肉用蘋果酒（cider）燉煮風味絕佳，而非用水；很多肉品最好是用紅酒甚或愛爾酒（ale，麥芽啤酒）煨煮。（蔬菜最好都蒸煮，而非水煮。）在醬汁或其他菜餚裡摻一點干邑白蘭地、雪莉酒、瑪薩拉酒（Marsala）或蘭姆酒（不是香料蘭姆酒）都有畫龍點睛之效。不論如何，要用得謹慎；可別把每

5　原文為 Bubble, bubble, boil and trouble，改自莎翁《馬克白》的名句「不憚辛勞不憚煩」（Double, double toil and trouble）。

盤菜都變成微醺蛋糕[6]。

　　我的食譜當中有一些乍看之下很奇怪——請記得，怯懦和偏見在廚房無立足之地。想想看，第一個吃下龍蝦的人何等大膽！也請切記，假使某人的盤中殽是另一人的毒藥，那只是因為他讓它變成毒藥。我們不該介意在西藏被視為佳餚而吃下的幼獸肉；我們會對這種冷血屠殺皺眉頭。美國人偏愛將甜味和肉一起吃下，楓糖焙根、火腿佐鳳梨令法國人發毛，而法國人卻吃肉腸（boudin）配蘋果泥。

　　我希望讀者能下決心拋開成見和守舊思維，縱使待在家門裡，依舊能拓展美食視野。

6　原文為tipsy cake，風行於維多利亞時期以海綿蛋糕浸漬烈酒的蛋糕。

給新手的建議

（每回試做新菜色時我們都是新手）

器具

　　試做新菜色時特別備好幾件用具會更容易下手。如果你家廚房還沒有這些料理用具的話，大部分都很容易買到，也很便宜。

1. 一只沙拉菜籃或瀝水盆，用來清洗和瀝乾菜葉。

2. 一把扁平鍋鏟，用來鏟起食物而不會使之碎裂。

3. 兩把長柄木匙（不太會導熱），和一把木叉。

4. 一支蘋果去核器。

5. 一支打蛋器。

6. 蔬果刨絲器，或切碎器；比菜刀好用多了。

7. 一只大型粗孔篩網，或濾網，直徑至少要25公分／10吋，形狀像捕蝶網那種，有把柄為佳。

8. 幾口大盆皿，攪拌食物才不致溢出來。

9. 一口大型平底深鍋，直徑至少37.5公分／15吋，25公分／10吋深，以及幾個其他大小的平底鍋。

10. 一具雙層蒸鍋，可能的話準備兩具，用小的來煮醬汁。

11. 一或兩個附蓋子的砂鍋，陶鍋、玻璃鍋或搪瓷鍋皆可，但要耐火、可放入烤箱裡的、足以容納四人份的大小。

12. 幾個可耐火的小盤子。

13. 一或兩個石綿墊[1]，用來置於火焰上降低熱度。

14. 一把小的毛刷或扁平的油漆刷。

15. 一組金屬串肉叉子。

16. 廚用剪刀，用來處理細絲（比刀子好用多了）。

17. 最重要的，一只量杯。

關於檸檬的特別叮嚀

　　大多數的菜餚都可以用檸檬提鮮：魚肉、紅肉、甜食，檸檬說不定是廚房裡最有用的萬能助手。

　　用檸檬汁來沖淡甜膩的果醬醬料；在魚肉上擠一點檸檬汁可增鮮提味；可行的話就用檸檬汁取代醋；可加到優格裡當作沙拉醬；擠在切開的水果上，譬如梨子、蘋果、酪梨或香蕉，可防止水果氧化褐變。

　　用檸檬皮來帶出燉肉的滋味；磨成碎末後，在燉煮的雞肉或鴨肉起鍋之際加進去提味。

　　擠一點檸檬汁進去，讓你在享用胡蘿蔔、其他大部分蔬菜及所有燉煮水果之前，大大提升滋味。別忘了能讓檸檬釋出最大量汁液的一個方法，是先把檸檬丟進滾

---

[1] 1970年代發現石綿對人體有害，大部分國家已禁用或減用。建議讀者直接調爐火即可。

水裡煮個2至3分鐘。

關於用油料理

你會發現在我的食譜裡我常用油來料理。油或奶油，不過你想的話也可以用人造奶油。就我個人來說，我偏好用油來料理，但必須用奶油來做的菜餚除外，而且如同瘋帽匠[2]說的，要用就用最好的奶油。我從不用橄欖油，因為橄欖油味道太重，太過搶味，不過鱈魚泥（頁38）這道菜除外。我愛用花生油，無味又清爽，也很容易買到，如果不好買，花點工夫去找也很值得。我極少用到豬油，豬油只適合少數幾道菜，譬如波希米亞風味兔肉（頁49），而且我認為最棒的油炸麵包要用豬油來做。

幾個有用的訣竅

把一個碟子，或小錫盤，或舊的罐頭蓋子，放在爐子旁，用來放你在烹調或攪拌時會用到的湯匙或叉子，可避免把爐台弄得髒亂。

---

[2]《愛麗絲夢遊仙境》中那位瘋狂的製帽匠。

確認廚房的時鐘在運轉，或者你有戴手錶，好讓你精準計時。

假使湯煮得過鹹，放入一或兩顆煮熟的馬鈴薯，它會吸收大部分的鹹味。

在你動手料理之前，查看一下所需的食材是否都備齊。（很多菜都是因為煮到一半不得不衝出門買漏掉的食材而毀了。）

要把某樣東西均勻裹上麵粉時，可以把麵粉裝進紙袋裡，再將要裹粉的肉或任何東西丟進去，一次一小塊，把袋口束緊後，用力甩動袋子。肉取出時，就會充分敷上麵粉。

要避免水煮蛋破裂，把一匙鹽加進水裡，或用一根針在蛋殼上圓的那一頭戳一個洞。務必要把蛋置在一只湯匙上再慢慢沉入水中煮。

加熱鮮奶油，通常被認為是不可能的任務，因為它很快會結塊。把兩大坨奶油放進小醬汁鍋裡，加熱至奶油冒泡並嘶嘶作響。鍋子離火，倒入鮮奶油並攪拌。鮮奶油會立即變熱，而且兩者會融合得非常滑順。

將番茄去皮時，把番茄放進一鍋滾水中煮一分鐘。這麼

一來，皮會很容易剝除。或者你可以用一根叉子叉著番茄，在火上翻烤一會兒。

煮蔬菜湯時——完全不摻肉的那類湯——加一塊方糖連同蔬菜一起煮可以提味。

要將魚肉去腥，在烹調前把一顆檸檬的汁液淋在魚肉表面，兩面都要，然後讓它浸漬在汁液裡大約一小時再煮。或者把魚肉用加了蓋的焗烤盤放進烤箱烤，這樣魚腥味就不會飄散整屋子。

加一小匙油到煮米的水裡，飯粒就不會黏在鍋底。

要保持起司的新鮮和濕潤，用醋「沾濕」而非「浸泡」過的布把起司包起來。

剝洋蔥皮時，很難不流眼淚。不妨把一塊麵包咬在齒間，透過嘴巴呼吸，這樣剝洋蔥皮就不再折磨人了。剝完皮後立刻用冷水沖洗手指，即可去除洋蔥留在指尖的味道。

攪拌濃稠醬汁或可能會燒焦跟沾黏鍋底的東西時，不妨拿湯匙如同畫「8字型」那樣在鍋裡一再攪拌。如此一來你在攪拌時就能兼顧鍋邊與中央的區塊了。

假使煎鍋裡的油著火，而這種情況確實會有，又假使火勢很大，或者油噴濺到鍋外，火舌竄燒，看起來會很恐怖。如果你用水來滅火，只會讓火勢蔓延。這時先把爐火熄掉，抓一把鹽撒向鍋中，持續這樣做，火勢就會很快熄滅。

櫥櫃裡一些備料和香料

（大部分都很容易買到，也是以料理環遊世界的必備品）

多香果（allspice），粉末

鰻魚，醬料或萃取油

月桂葉

辣椒粉

肉桂，粉末

丁香，整顆及粉末

咖哩粉

蒔蘿，風乾

大蒜

薑，粉末

綜合香草，風乾

豆蔻皮（mace），粉末

奧勒岡葉，風乾

芥末

肉豆蔻（nutmeg），粉末或整顆

紅椒粉（paprika），甜味

洋薏仁

玫瑰水

蘭姆酒

番紅花絲

鼠尾草

醬油（中式）

香草精

醋、茵陳蒿或白酒

伍斯特醬（Worcester sauce，英國黑醋）

幾個專門的烹飪術語

（有助於你看懂其他料理書，以及你手中的這一本）

淋（醬汁），舀熱肉汁或醬汁或任何液體，澆淋在正在
烹煮的食物上，避免食物變得太乾。

水煮，持續讓液體沸騰。

煮沸，煮至液體表面開始沸騰冒泡。

醃漬，把東西浸泡在特製液體裡，時間從數小時到隔夜不等。

汆燙，在煮開的水中短暫燙個幾分鐘，然後再用其他方法烹煮。

熬煮，用大火快速加熱肉汁或糖或醬汁，直到燒開收乾。在這過程中，汁液的水分會減少，滋味會更濃烈，有時會變得更濃稠。

嫩煎，用少少的油以快火略煎至焦黃。

烙烤封汁，把食物（通常是肉類）放入高溫烤箱，或用大火烹煮幾分鐘，封包表層，鎖住內層的精華、肉汁和滋味。這道手續絕不能超過 5 至 10 分鐘，之後再用小火慢煮。

燉，以文火慢煮，讓食物保持在將滾未滾的沸點以下，但千萬不要煮沸。

基本的度量衡[3]

1 小撮或少量等同少於半個鹽匙的量

---

[3] 公制 1 杯等於 250 毫升，本書則依傳統英制，1 杯約為 300 毫升的水。

3小匙等於1大匙

2個早餐杯的砂糖等於450克／1磅

2個早餐杯的奶油（或油）等於450克／1磅

2個早餐杯的肉丁等於450克／1磅

2個早餐杯的液體等於600毫升／1品脫

4個早餐杯的麵粉等於450克／1磅

4個早餐杯的液體等於1.2公升／1夸特

4夸特（或16個早餐杯）的液體等於4.8公升／1加侖

關於度量衡及火力的叮嚀

　　你會發現，我沒有給你盎司、品脫或磅來計算用量，但採買食材例外。這是因為就我下廚的經驗，我發現用湯匙和杯子比較容易掌握分量。我常常碰到廚房裡沒有量杯或磅秤的情況⋯⋯事實上，我在海外廚房或遙遠地方觀摩別人做菜時，這些東西多半從未出現過。（想想看，土耳其農人或芬蘭獵人怎會帶著磅秤！）而且其他很多國家是以公克、公升計量，就像他們以公分而不是吋來計算長度。因此，用湯匙和杯子來測量——甚至用目測的方式——對我來說總是比較好的作法。

　　在烤箱溫度方面我也刻意不求精準。我沒有提供準確的溫度數字是因為炊具各式各樣，我只能提供基本的

指示——大火、中火或小火。你很快會從自己的爐具找到答案。

　　學做菜主要是靠觀摩，靠動手去做；邊做邊學，就像學其他任何事一樣。你會很快得知，你需要大約（就做菜來說，「大約」是很有用的字眼）多少的麵粉跟一杯水混合，可以達到你要的稠度或稀度。學習的最佳方式就是動手去做。大部分的廚師會告訴你，他很難說這樣或那樣東西的份量準確來說是多少……「那個大約1杯……大約煮10分鐘……」下廚就跟其他事沒兩樣，你得親身去體會。

本書的料理分類

B	飲品	V	蔬菜
D	甜點	MF	魚肉主菜
E	蛋類	MM	肉類主菜
F	魚肉	MV	蔬菜主菜
P	禽肉	SP	湯品
S	沙拉	MISC.	無法分類

歐洲

隔夜的不新鮮麵包：法國

法式吐司

Pain Perdu

（在英國，這道菜有個別名叫「溫莎堡的貧苦騎士」）

　　法蘭西民族以美食享譽全球。其實每個國家都有一些特殊料理，不過法國也許就是比其他國家多很多。無論如何，法國人對於好料理興趣濃厚，即便做最簡單的家常菜也不怕費事，非常在意吃下肚的東西。「認真」這個形容詞經常出現在有關美食的談話上。「一家認真的餐館」（‘*une maison serieuse*’），他們在推薦餐廳時會這麼說；或者，說起哪個廚藝出色的女人是個「認真的女人」（‘*une femme serieuse*’）。沒有比這更崇高的讚美了。著名的法國大廚瓦特勒先生（Monsieur Vatel）為路易十四準備慶祝晚宴時，因為做菜用的魚來晚了而自刎身亡。不過正因為即便準備最簡單的食物也不怕麻煩，使得法國出了很多有名的廚師；讓他們遠近揚名的與其說是他們料理的食物，不如說是對料理秉持的態度。

　　此處我挑選了一些最簡單的菜色，但是必須花上大量的心思料理，這些成了舉世聞名的菜餚。以法式吐司為例，它在法國是一道熱門的甜點。其實它是奶油布丁麵包的變種，只不過做得更細緻。我頭一次學做法式

吐司以及其他幾樣法國好菜，是在法國南部時。當時我們鄉下的房子常有一群建築工人進進出出，慢條斯理地整修快要倒塌的牆。雖然法國南部嚴格說來不像史特拉斯堡或里昂是美食重鎮，但我總注意到這些工人對食物有著濃厚興趣，在中午的兩小時休息時間，他們會坐在橄欖樹蔭下，大口喝著紅酒，討論這種或那種香腸（saucisson）有多麼好吃。他們收工離開屋子時從不忘了說：「祝您胃口大開！」有時還會轉進廚房，掀起鍋蓋瞧瞧，議論我正在燒的菜，見多識廣地給意見。對於夏修卡烘蛋燉菜（tchaktchouka）和雜燴燉菜（ratatouille）（兩者都是燉菜，前者源自突尼斯，後者源自普羅旺斯）各自的優點，跟工頭有過一番熱烈的爭論後，我發現他們對我又更熱情了一些。我聽見石匠跟水管工人說，某些英國人確實在乎吃進肚裡的東西哩；當木匠為我數量不多的炊具搭造新的層架時，他說：「瞧！夫人不會只滿足於吃三明治呢！」

自此之後，我們不時會愉快地暢談美食經。他們會傾囊相授，用我聽得一頭霧水的當地方言描述精緻卻唸起來拗口的在地食物。我聽得糊里糊塗，但還是得知許多美味，諸如鷹嘴豆炸糕（Panisse）、尼斯三明治（Pain Bagnia）以及法式吐司（Pain Perdu）。

有一回，在某個酷熱天，當時我們還沒買冰箱，餐

櫃也空空如也，五位意外的訪客登門，一副快活的樣子，坐下等著吃飯，神色還越發不快。我躡手躡腳走到後門討救兵，跟建築工人描述狀況，他們馬上接手。馬利歐帶來鄰居家養的雞開始拔毛，凱薩從他自己的土地（*terre*）──他們這樣稱呼分配到的小菜園──摘來了蔬菜。這些地方通常位在村子一哩之外，而他們全都住在村裡中世紀碉堡城牆後方挨擠在一起的房屋裡，連院子也沒有。工頭馬塞爾進到廚房裡教我做法式吐司──這道他常天花亂墜地對我描述的料理，但我嫌它太費工，從沒動手做。

　　我永遠記得他，渾身水泥汙跡，高頭大馬地在廚房裡簡直難以旋身，他的大手掌動作細膩地打蛋，斟酌糖的用量。他無疑會讓老婆在廚房裡很不好過，無疑是在家翹二郎腿臭著臉等著被餵飽的那一個。但在我的廚房，他是我那一天的救星，教我如何做法式吐司。作法如下：

6人份 🍶（D）

6片隔夜的麵包

225毫升（¾杯）牛奶

1大匙糖

¼小匙香草精

3顆蛋黃

2大匙奶油

肉桂粉

　　取6片約莫½吋厚的隔夜麵包。切除麵包邊。將加了1大匙糖和¼小匙香草精的牛奶煮沸。接著把牛奶倒進湯盤或平底盤裡。稍微放涼後，放入麵包片沾取牛奶。沾取時動作要快，放進去就即刻取出，免得麵包變得濕軟或破裂，隨後鋪在盤內讓它流乾，同時將3顆蛋黃攪拌均勻。打好的蛋液倒入另一個湯盤，拿麵包片沾取蛋液，仔細沾滿而且一樣動作要快，每一面都要均勻裹上蛋液。用一把鍋鏟把裹好蛋液的麵包取出，放在乾淨的布或一大張紙上晾一會兒。接著在煎鍋裡融化些許奶油──6片麵包約需2大匙奶油。當奶油開始冒煙，就是麵包片下鍋快煎的時候，先煎一面，翻面再煎，當表面呈淡淡的金黃色時即可起鍋。撒上糖粉和肉桂粉，一片片堆疊起來，並用乾淨的餐巾布包起來保溫再上桌。「這道菜沒什麼缺點，而且看起來很氣派。」一本老料理書這麼說。

布列塔尼

鱈魚泥
Brandade de morue

這道料理需要花時間做，但非常好吃，尤其是按照布列塔尼的方式做的。布列塔尼漁家住在岩石嶙峋的蠻荒海岸線上粉刷樸實的村舍裡，多半靠捕魚維生。不管新鮮或鹽漬的鱈魚總叫我覺得乏味，除非它脫胎換骨變成鱈魚泥。我本身從小就討厭吃鱈魚，一來是學校膳食經常出現令人反胃的鱈魚厚片，再後來，我的人生似乎大半時間都在為我養的好幾隻貓煮鱈魚頭。回想起來，我自覺就像希羅底的女兒[1]，時常要面對放在盤上神情嗔怨的頭顱。

但是鱈魚泥（*Brandade de morue*）驅走了這些不快的回憶。這道料理的鱈魚彷彿被施了魔法，搖身一變，登上肉醬（*pâté*）等級的大雅之堂，很適合當作派對的

1　希羅底（Herodias）是羅馬帝國時期猶太人希律王朝的公主，根據記載，大希律王將這位孫女許配給其中一位兒子、也就是希羅底的叔叔希律腓力二世，並生下女兒莎樂美（Salomé），後離婚改嫁另一位稍後得到分封成王的叔叔希律安提帕斯。莎樂美在母親指示下於繼父希律王的生日宴上跳舞討其歡心。希律王大悅應許繼女要求，以施洗者約翰的項上頭顱作為回報。希律王派人殺了約翰，將頭顱放在盤中交給她。

壓軸好菜。鱈魚泥有好幾種作法。我的巴斯克廚子凱瑟琳，既是廚房的棟樑也會在裡頭興風作浪，她力推普羅旺斯地區不摻牛奶的作法，但我偏愛布列塔尼的方式。作法如下：

4人份 ⑪（MF）

675克（1½磅）鱈魚，鹽漬或風乾皆可

4或5粒蒜瓣

300毫升（1杯）牛奶

300毫升（1杯）橄欖油

鹽和黑胡椒

將鹽漬或風乾鱈魚放入冷水裡浸泡一夜。隔天將魚肉瀝乾，放入清水中煮沸，接著持續燉煮。大約5分鐘後，魚肉應該會軟透。再次把魚肉瀝乾，切小塊，剔除魚骨和魚皮。加大量蒜頭進去，整個搗成泥。假使你不喜歡大蒜，做鱈魚泥就沒意思了，因為它需要大量大蒜。取大約4至5粒蒜瓣，去皮，切末，壓碎或磨成泥後拌入魚肉中。用小的醬料鍋加熱牛奶，再用另一口醬料鍋加熱植物油（橄欖油為佳）。都以最小的微火加熱，絕不能煮滾。牛奶或油一旦變得溫熱了，最好把鍋子移到爐邊，別一直留在火源上。此時，用湯匙輪流把

牛奶和油舀進魚肉泥裡，先加一匙牛奶，攪拌個一兩分
鐘，然後再加一匙油，再繼續攪勻。如此這般。用木匙
來攪拌和壓泥效果最好。

　　等牛奶和油全數拌入，且你也差不多攪到手沒力之
際，鱈魚泥應該就大功告成，變成看似薯泥、稠而滑順
的泥狀。加胡椒和鹽調味（味道應該重一點才好）。你
可以吃熱的，也可以放涼再吃。若想吃熱的，那麼倒進
醬料鍋裡開微火加熱，佐以檸檬或者配一些油炸麵包丁
（參見頁24）。如果當冷盤吃，搭配乾吐司尤佳。

法國
生菜沙拉
Green Salad

　　你也許會納悶，我怎麼會在料理書裡談到沙拉。生
菜沙拉是每一頓法國餐「必不可少」的菜色，不論哪一
省皆然，也是任何法式菜單的特徵，所以在此談談如
何製作最出色的沙拉很恰當。這道經典法式沙拉是我吃
過最棒的一款。美國人的生菜沙拉拌入過多的醬，英國
沙拉卻通常醬汁少到簡直只剩菜葉的地步，而且大抵都
是濕漉漉的大萵苣葉，也許摻有些許甜菜根，但全都在

水和醋裡漂浮，不適合人吃，也不合兔子的胃口。法國人，偉大的古典主義者，看不慣美國人習慣在沙拉裡放一些不該放的東西，譬如奶油起司丁、罐頭水果或一坨坨果醬，這我並不意外。我待在美國時，這些一大碗的謎團，可以猜想到有一定機會讓你踩到地雷；不管你從碗裡撈起什麼都不對——也就是從經典沙拉的角度來看。在法國，沙拉總是單獨當一道菜吃，有時會佐以起司，之後才上主菜，但從不用來配主菜。沙拉通常是清一色的萵苣，有時是苦苣或羊萵苣（或稱野苣），又或菊苣，大抵不出這一些。偶爾會加番茄，但從不加甜菜根。美乃滋從不會用在這些清一色的生菜沙拉裡，但會留給特殊的沙拉來用，譬如馬鈴薯沙拉。生菜沙拉通常會淋上油醋或檸檬汁，而且沙拉碗底會用蒜瓣充分塗抹過。以下是一道真正上乘的法國沙拉的作法。

4人份 🍶（S）

1球萵苣或4球菊苣或1球苦苣

大蒜（隨意）

3大匙花生油或橄欖油

1大匙檸檬汁或茵陳蒿醋或淡白酒醋

½小匙鹽

胡椒（適量）

　　¼小匙芥末粉（隨意）

　　¼小匙糖

　　2大匙青蔥（隨意）

　　2大匙荷蘭芹（巴西里，隨意）

　　2大匙新鮮蒔蘿（隨意）

　　1.用一口大得足以輕易地拋翻菜葉而不會讓菜葉掉到外面的盆子裝生菜。要裝4人份的菜量，你需要的盆子會大得叫你吃驚。

　　2.確認生菜葉徹底洗淨而且徹底瀝乾。假使水滴還留在菜葉上，就永遠做不出好沙拉。把濕漉漉的萵苣葉甩幾下，然後放進生菜脫水器轉一轉，如果你沒有脫水器，用一條乾淨的布包起來甩乾。接著再把菜葉置於通風處晾乾，約晾10分鐘。再用乾布包起來甩一甩。這麼一來菜葉應該又脆又鮮而且非常乾了。

　　3.如果你喜歡蒜味的話，取1粒蒜瓣在沙拉碗內塗抹，這會大大提升沙拉的滋味。

　　4.製作淋醬：1球萵苣對4人份來說綽綽有餘，這時需要3大匙油。（我發現花生油最清爽，用在生菜沙拉最對味，花生油不若橄欖油有強烈的味道，有些人不喜歡橄欖油那種濃重的氣味。）在油裡注入1大匙檸檬汁或茵陳蒿醋或淡白酒醋；再加差不多½小匙的鹽、大

力撒上胡椒粉、¼小匙芥末粉或視喜好不加亦可，以及¼小匙糖。把這些調味料跟油醋拌勻，然後倒進沙拉碗中。

5.在沙拉碗中放入一半的生菜葉，充分地翻動，直到菜葉都沾上醬汁。再放入另一半的生菜葉，繼續輕輕地翻動，但要徹底。千萬別搗壓菜葉，否則菜葉會變得濕糊。只要輕輕地一再反覆翻動。最後撒上切末的青蔥，取蔥綠段，約2大匙；或撒上切細末的荷蘭芹；再加切細末的新鮮蒔蘿更好。這些香菜可增添最可口的鮮味。

我知道這整個過程聽起來漫長又費事，不過很值得。一旦你精熟這項藝術——法國人這麼認為——你會發現大家都愛吃你做的沙拉，別人做的都比不上。

普羅旺斯

羅克布呂訥三明治
Roquebrune Tartine

這道菜就是一般所知的尼斯三明治（*Pain Bagnia*），是芒通（Menton）和馬賽這一段迷人海岸的特產；到處都是橄欖樹及柏樹林的羅克布呂訥，高懸於地中海及摩

納哥小港灣之上，是我在法國的家鄉，這裡的居民常吃這道食物，所以我稱它為羅克布呂訥三明治（*Roquebrune Tartine*）。它製作上非常簡單，是一道絕佳的野餐。的確，在羅克布呂訥若沒有這道食物還真不知如何是好，因為在這裡持家大不易。在地人稱為大瑪格麗特（Grande Margharita）的教堂那口鐘，長年叮叮噹噹宣告著數不清的節慶和聖徒日；鐘聲響起的一小時裡，寥寥可數的店鋪人去樓空，果菜販、肉販和麵包師傅，全都打烊出門，在葡萄藤綠蔭下的滾球場喝酒玩滾球。在遠處的下方，你會瞧見幾艘堆滿蛤蜊殼的錫板船停在港灣。說不定——只是說不定——某位漁夫會爬上山坡，穿越梯形的橄欖樹林，進到村子裡，帶來他的漁獲。手搖鈴和鈴錘宣告他人已抵達，想買點魚的人（還有村裡的每隻貓）聞聲奔至兩兄弟廣場（Place des Deux Frères）。死對頭的魚販有時也會現身，她快八十歲了，通常會搭市政垃圾車這班順風車上山，她的籃子就穩當地擺在垃圾堆之上，所以有些人從不光顧她的攤子，我就是其一。由此你可以想見，在這裡持家多麼不容易，羅克布呂訥三明治成了很棒的備用品。

4人份 ⑩（MISC.）
1條法國長棍麵包或4個法國餐包

大蒜

10顆去核熟成橄欖

1顆紅色甜椒

2顆番茄

少許煮熟的四季豆（隨意）

3或4尾鯷魚

2大匙橄欖油

1小匙檸檬汁或醋

取1條法國長棍麵包，或4個法國餐包，縱切對半。用蒜瓣搓磨麵包切面，在切面鋪上以下的混合材料：10顆去核熟成橄欖、1顆紅椒切片、2顆番茄、幾

條四季豆——如果有的話。有些人會加3至4尾鯷魚，但鯷魚的味道很重，要謹慎使用。用2大匙橄欖油和1小匙醋或檸檬汁將所有材料拌勻。當食材變得細緻滑順，在麵包切面抹上厚厚一層。接著把切對半的麵包闔上恢復原狀，用線把麵包紮捆起來，或者隔著揉麵板或托盤用重物壓著。靜置一會兒，讓麵包稍微固定——起碼放一個鐘頭，這樣就完成了。完美的野餐食物。

法國

馬倫哥風味小牛肉
Veal Marengo

　　拿破崙說過，胃口是行軍打仗的關鍵。他本身不是美食家，只愛吃烤雞，而且每當他想吃，烤雞就要立刻端上桌。因此這啟動了一套繁複的安排，總有一連串的禽肉不分晝夜地接力在爐火上烤。但拿破崙的元帥們似乎都很講究吃，我們發現，起碼有一道經典料理源起於拿破崙陣營。美乃滋（Mayonnaise）得名於日後的麥克馬洪元帥（MacMahom），話說克里米亞戰爭期間，麥克馬洪帶軍露宿被摧毀的某村莊，廚子向他稟告，魚肉沒有醬汁可配，除了些許的油和幾枚雞蛋之外什麼也不

剩。「那麼罩子放亮點，快用那些做成醬。」他答道；於是就有了我們今天所知的美乃滋（mahonnaise）。同樣地，馬倫哥戰役之後，拿破崙及其手下在又冷又累又餓之際發現，他們和補給車隊分開了。隨行的廚子手邊僅有雞肉和幾顆番茄可用。於是他用油煎雞肉，加白蘭地燉煮，並用番茄煮成醬汁，端出了後來赫赫有名的經典料理。這作法看似簡單，但我猜想白蘭地增添了非常特殊的風味。自此以後，以番茄調味為主的菜式常被輕率地稱為「馬倫哥風味」。此處介紹的是馬倫哥小牛肉（*Veal Marengo*）（但不摻白蘭地）。

6人份 🔟 （MM）

1.3-1.8公斤（3-4磅）小牛臀肉

150毫升（½杯）橄欖油

2大匙奶油

1大顆洋蔥

3大匙麵粉

鹽和胡椒

300毫升（1杯）水

3大匙番茄泥

1小撮綜合風乾香草

225克（½磅）蘑菇

　　將小牛臀肉切成4公分（1½吋）大小的塊狀。將橄欖油和奶油放入一口大煎鍋或任何可以在火上加熱的盤子。將小牛肉塊下鍋快煎，持續翻面，煎至肉呈淡紅色，應該需要10分鐘。將大顆洋蔥剝皮，切薄片，下鍋和肉一起煎，煎到呈淡淡的焦黃色。把3大匙的麵粉撒在肉塊和洋蔥上，加鹽和胡椒調味，輕輕地拌炒。接著把水、番茄泥和1小撮綜合風乾香草加進鍋裡，輕輕攪拌。假使醬汁沒有整個蓋過肉塊，就再補一些水和番茄泥進去。蓋上鍋蓋以小火慢燉1小時。燉肉的同時，將蘑菇清洗、剝皮並去梗（若沒有新鮮的可用，用罐頭蘑菇也行），然後切成很薄的薄片，拌入肉塊和番茄泥中，再燜煮15分鐘。起鍋前，拌入3大匙的重乳脂鮮奶油（喜歡的話，可加一點白蘭地或馬薩拉酒）。

吉普賽人

羅曼尼風味兔肉
Romany Rabbit

　　吉普賽人，或者說羅曼尼人，是自豪的古老民族，凡是用小寫字母拼寫吉普賽（Gypsy）這個字的字首 G 的人，我都不當成朋友。他們跟其他民族一樣有自己的傳統、歷史、語言與習俗，可是卻沒有自己的國家。在大多數國家裡都有吉普賽人的蹤跡，但他們無法融入當地居民，從一個城鎮流浪到下一個，販售自製的簍筐和搖籃，也做一點焊補的工作，修理銅鍋錫鍋，恐怕多少也會偷獵。他們抓雉雞，或在行經的任何土地上可以捕到的任何禽類。兔肉是他們常吃的伙食，至少每次他們親切地邀我與他們一同用餐，吃的都是燉兔肉。

　　我愛吉普賽人，不管到哪我都會尋找他們的蹤跡，但我從沒在瑞士看到吉普賽人。我曾在最令人意想不到的地方看到他們。有一年除夕夜，我看見他們在紐約中央火車站，在靠站列車之間跳著方當戈（*fandango*）之類的舞蹈。法國的吉普賽人聚集在桑特馬利（Saintes Maries），這是在隆河口一帶稱為卡馬格（Carmarque）的荒涼草原上。他們在這片平坦奇異的土地上，飼養一種品種格外優質的黑牛，而且牧人騎的是白馬。世界各

地的吉普賽人會到這裡來，進行一年一度的朝聖，前往他們的教堂敬拜。

在保加利亞，吉普賽人住在奇特的小泥屋，泥屋的高度簡直連小孩子都進不去，這類聚居地稱為馬哈拉（*mahalla*）。靠近土耳其邊界，他們住在石灰岩峭壁裡蝕刻出的洞窟。在羅馬尼亞和匈牙利，他們一個村落接著一個地漂泊，他們養的跳舞熊笨重地跟在後頭，毛茸茸的馬匹拉著滿載粗劣羊皮、鈴鼓和小提琴的貨車，外加少許的鍋碗瓢盆，就是所有的家當了。羅馬尼亞的吉普賽人是我見過最狂放的一群人，他們拉起小提琴時最讓人心蕩神迷，我曾希望那琴聲永不止歇。

我認為吉普賽人對食物不感興趣，幸好他們興趣不大，因為他們經常匱乏。他們靠土地養活自己，不管到哪都是如此，很少人有錢可以買乳酪、糖、香料、果醬和牛奶等等這些定居一處的人常會用到的食材。他們吃燉兔肉，一些莓果，或他們覓得的任何水果或蔬菜（他們從沒在一處待得夠久，無法擁有一片園圃或為自己栽種蔬菜），他們烘焙某種粗糙的麵包，喝香草沖泡的茶。培根——意味著要弄一頭豬來並自行醃肉——在他們眼裡是珍饈，但我記得很久以前在（英國）康瓦爾郡（Cornwall）曾跟幾個吉普賽人一起吃過一道絕妙的培根燉兔肉。他們的作法簡單至極，假使你在露營或是特地

精心準備野餐時，也能做得來。

4人份 🔟（MM）

1隻兔肉

油

1.2公升（4杯）水

½杯葡萄乾

鹽和胡椒

4顆洋蔥

4條胡蘿蔔

1粒蒜瓣

3支荷蘭芹

2或3粒丁香

檸檬皮

1顆蕪菁

4株西芹

2顆番茄

綜合風乾香草

少量鼠尾草

3或4片培根

4至8顆馬鈴薯

½罐番茄湯

　　將去皮的兔肉切塊，先在煎鍋裡用少許油或培根肥脂下鍋煎黃。然後改放進平底深鍋，加水淹過表面，再放入葡萄乾、鹽和胡椒、切碎的洋蔥、切成圓段的胡蘿蔔、大蒜、荷蘭芹、2或3粒丁香、2或3片檸檬皮、削皮後切塊的小顆蕪菁、西芹、切塊的番茄、1小撮綜合風乾香草和少量鼠尾草、3或4片培根，以及削皮切對半的4至8顆馬鈴薯。全數以小火慢燉（當然要蓋上鍋蓋），燜燉至少2小時。假使鍋內的汁液快燒乾了，我想你應該作弊一下，也就是說，別加水，而是加½罐番茄湯。吉普賽人當然不會這麼做，但你手邊備有罐頭湯時會是個好主意。

　　享用完這道燉肉後，我覺得很適合吃一些重乳酪、水田芥和威化餅或黑麵包，雖然嚴格說來吉普賽人的菜單上沒有這些，但還是很符合他們的傳統。

英國

衛兵布丁
Guard's Pudding

　　英國食物往往被不公平地看貶，但看貶它的都是從沒嘗過傑作的人。其中最棒的是英國布丁，在遙遠地方

的外國人偶爾會以敬畏的口吻對我提起它，這壯觀、營養又豪放的布丁，坦白說是用板油做的。如今它似乎已失寵，口感更輕盈的果凍據說同樣營養（雖然沒有人能說同樣好吃），而且較不會發胖。卡路里妖怪有言：板油會囤積在臀部。這個嘛，我本人倒是很歡迎它留在我臀部，而我寫的料理書也不會忽略這些遭人蔑視的英格蘭經典。

　　回首過去，我記憶中的每個場合與人物都有布丁同在。聖誕布丁、衛兵布丁、卷布丁、金黃布丁（Canary Pudding）、斑點狗葡萄乾布丁、蘋果帽布丁、鳥巢布丁、城堡布丁、七杯布丁、女皇布丁、聖李奧納多布丁、單身漢布丁、上將布丁、修士布丁、修女布丁、大理石布丁……（那個會不會口味太厚重？不打緊。）記憶中，我孩提時那個風行布丁的久遠英國，似乎是日復一日永無止盡地建造又摧毀這些固體的歡樂；隨後照例總要外出散步把它消耗掉。因此在冬日黃昏的暮色中，我們常走在回家路上，可能的話會跟在昔日點燈人後頭走。值勤的點燈人帶著一根頂端燃火的長竿，停在每一座街燈旁，用長竿碰觸一下燈，燈馬上變亮，像施魔法一樣。倫敦有幾條老街至今仍維繫這套舊習，每當我旅行返鄉，再度看到點燈人，總有一股鄉愁襲上心頭，與其說是懷念兒時那個令人安心的世界，不如說是懷念板

油布丁。

回歸正傳,再來談談布丁。有一道出色的甜點(傳統上)是用來慰勞在白廳(Whitehall)或聖詹姆士宮(St. James Palace)值勤的衛兵軍官。幸運的一批人,難怪他們看起來一副心滿意足的樣子。以下是衛兵布丁的作法,它恰好沒加板油,但還是很有飽足感。

4人份 (D)

1杯白麵包屑

170克(¾杯)糖

170克(¾杯)奶油

1小撮小蘇打粉

3顆蛋

6大匙覆盆子果醬

淡奶油(隨意)

或

額外3大匙覆盆子醬做醬汁

2大匙水

½顆檸檬榨汁

　　將白麵包屑與糖和奶油混合。加入用一小匙的水溶解的少量小蘇打粉。接著把3顆蛋充分打散，加幾大匙覆盆子果醬進去。把全部混拌在一起，使勁拌勻。將麵包糊倒入先行塗抹過奶油的模具或布丁皿。蒸2小時，這部分可把模具放進雙層蒸鍋，或者放進裝有滾水的平底深鍋，但要確認滾水不淹過模具高度的一半。若用平底深鍋不須蓋上鍋蓋，但你得留意，別讓鍋中的水煮乾了。不時補一點水進去，讓水面維持在同一高度。這道布丁可配上清爽的淡奶油，或者用額外的果醬做稀醬汁：3大匙果醬加2大匙水，煮個1分鐘左右。起鍋前加½顆檸檬汁，拌勻即可。

英國

水果帽布丁
Fruit Hat

　　這是另一道水嫩多汁的英國布丁，但這一回製作上

很容易。有時它又稱為夏日布丁，因為是用數種水果製作的。

4人份 ⑪（D）

8片或更多的厚片白麵包

2杯新鮮的黑加侖、覆盆子或黑莓

110克（½杯）糖（最少量）

鮮奶油或牛奶（隨意）

　　白麵包切片（同時去除硬皮），鋪在布丁皿裡面：麵包片要排得很密，不要留有縫隙。接著放入略微燉煮過的新鮮黑加侖、覆盆子或黑莓，把布丁皿整個填滿、塞得密實：用力把莓果往下壓，讓汁液流出來潤濕麵包片。在加進水果時，同時加入充分的糖。最後用幾片麵包覆蓋在最上面，然後再蓋上扁平的上蓋，或者與布丁皿口徑剛好密合的盤子，要整個蓋進去。接著用重物鎮壓，一塊鐵具、笨重的罐頭等等看你能找到什麼，好讓蓋子被往下壓。移入冰箱放一整夜。隔天，用一把刀輕輕劃開布丁的邊緣。把出餐盤倒扣在布丁皿上方，將盤子和布丁皿握穩，上下翻轉，讓布丁俐落地落到盤子上。布丁會挺立，壯觀又堅實，像一頂奇怪的帽子。它會呈深紫紅色，所有的汁液都被麵包吸收。它也許不是

一頂好看的帽子，但是吃起來很美妙，我認為這才真正實惠。鮮奶油是這種帽子的宜人裝飾。

英國

牛排腰子布丁

Steak and Kidney Pudding

我從不隱瞞我對板油做的布丁的喜愛，而這類布丁在今天普遍而言很過時，不過在此收錄其中一道並不壞，甚至對英國讀者來說也是很恰當的。我選擇牛排腰子布丁是因為比起同樣是板油布丁的甜點，這一道通常被認為口感較不厚重。以下就是這道壯麗的組合——英國人生來就該享受的美味。

4人份 (MM)

225克（½磅）麵粉

110克（¼磅）切碎的板油

鹽和胡椒

450克（1磅）燉煮用的牛排肉

225克（½磅）牛腰子

　　要先製作餅皮,將切碎的板油、麵粉、鹽和胡椒混合,加足夠的冷水揉成一整塊扎實的麵糰。像做酥皮那樣把麵糰擀平開來,再把麵皮鋪在布丁皿的內壁,外圍預留夠多的麵皮待會做成上蓋。將牛肉和牛腰子切小塊,放入裝有4大匙麵粉、鹽和胡椒的紙袋內,收口使勁甩一甩,再把裹了粉的肉塊放入鋪了麵皮的布丁皿,接著倒入300毫升(1杯)冷水。確認肉塊都填滿布丁皿了(也就是說,別用太大的布丁皿),因此當你把外圍的麵皮或說板油餅皮往內蓋起來時,它會穩當地撐住。

用防油紙罩住布丁皿的頂端，器皿外邊用棉繩綁好固定。接著用一塊乾淨的布把整個布丁皿包起來（在頂端打結，當作包袱可以提起的把手）。把包裹好的布丁皿置於裝了¼滾水的大型平底深鍋內，至少煮3小時。期間要不時查看，假使水快要燒乾，就要補滾水（而不是冷水）進去。出餐時，拎起打成結的把手取出鍋外，拆掉這層布，換另一塊乾淨的布（用過的那塊布會變得有點油油的）包起布丁皿。讓這整道菜氣派地立在盤子上──「趁熱送過去。」就像老派廚子經常一面說一面揮著手，指向她的傑作將被送去的那些遙遠的上流區域。

荷蘭

鰻魚湯
Eel Soup

鰻魚是荷蘭的熱狗，人人都愛吃。你可以在街上的小攤車買到。煙燻鰻魚也跟煙燻鱒魚一樣鮮美可口，但卻是一道非常濃厚的菜餚。鰻魚湯同樣令人滿足而且較不濃厚。魚肉跟湯一起食用。加上煮熟的馬鈴薯就是很扎實的一頓餐。

　　這似乎是會在維梅爾（Johannes Vermeer）或杰拉德·寶（Gerrit Dou）等荷蘭畫家的畫作中出現的那種料理；在這個磚瓦廚房的寧靜世界裡，身軀龐大且面色紅潤的婦人正在烹煮蔬菜和魚肉，而在屋外我們瞥見了檸檬色的寂靜暮光灑落在有著陡直山牆的紅屋頂上。那是個整潔的世界，出人意外的是，揚·斯特恩（Jan Steen）畫筆下爆出淫浪笑聲的活潑熱烈和盛大的牡蠣饗宴也有一席之地：吉他手對著一群狂歡作樂的貪杯者漫不經心地彈撥，機伶的小寵物狗大口吃著翻倒的烤肉。

4人份 🍴（SP）

450克（1磅）鰻魚

1.2公升（4杯）鹽水

6株荷蘭芹

2小匙續隨子

½顆檸檬的皮

¼小匙豆蔻皮磨粉

2大匙奶油

2大匙麵粉

少量黑胡椒

　　4人份的量，要跟魚販買450克（1磅）的鰻魚，請

魚販清洗去皮並切成5公分（2吋）小段。魚肉連同鹽水放入一口大型的平底深鍋，以小火煮至魚肉熟透，約半小時。將魚肉撈出來放到有保溫的地方。在煮過魚的鹽水裡放入荷蘭芹、續隨子、半顆檸檬的皮和豆蔻皮粉。取另一口鍋子融化2大匙奶油並拌入2大匙麵粉，煮至滑順綿密。再把這麵糊加到煮魚湯裡拌勻。當湯汁開始變稠，讓它保持在將滾未滾的狀態15分鐘。撒上少量黑胡椒粉，用濾網過濾湯汁（濾除續隨子、荷蘭芹和檸檬皮），濾過的湯汁直接淋在魚肉塊上。如果鰻魚肉沒有很熱，重新加熱幾分鐘。上桌後配馬鈴薯泥或水煮馬鈴薯吃。

比利時

法蘭德斯蘆筍
Flemish Asparagus

這是享用蘆筍的好方法，依我看，還會嘗到佐蘆筍的美味融化奶油——務必要用來搭配它——一滴不剩。我在布魯日（Bruges）認識的節儉比利時家庭的餐桌上經常端出這道料理，從他們昏暗狹小但整潔的餐廳望出去便是運河和樹蔭，一片靜謐與綠意。

4人份 ⑪ （V）
1公斤（2½磅）新鮮蘆筍
3顆蛋黃，煮熟
110克（¼磅）奶油
鹽和胡椒

　　將新鮮蘆筍浸泡在冷水裡去除沙土（約15分鐘）。投入微滾的鹽水中，如果蘆筍很嫩，煮12至15分鐘；偏老的話，煮20至25分鐘。確認你的鍋子夠大，免得把蘆筍尖折損。（順道一提，蘆筍尖比梗容易軟熟，因此有些人會把蘆筍立起來煮，讓尖端露出水面。如果把鍋蓋蓋緊，那麼蘆筍梗在水裡煮軟時，尖端也蒸軟了。）如果你把蘆筍都捆成一小束，一人份一束，會更容易處理。準備佐料的醬汁時，先把3顆蛋煮熟，把蛋黃壓成泥。接著融化110克（¼磅）切成小塊的奶油，當奶油融化且變得很燙時，把它一點一點加進蛋黃泥裡，攪拌成滑順綿密的黃色醬料即成。加一點胡椒和鹽調味，立刻盛入充分溫熱過的壺或罐裡。你會發現，比起單純只放奶油在盤子裡讓它稀稀地流著，最後可惜地浪費掉，這道美味醬汁則方便完食，吃到最後一滴仍覺意猶未盡。

比利時

比利時小黃瓜
Belgian Cucumber

（你也可以用同樣的作法料理菊苣）

很容易會把低地國[2]的人民想像成是性情溫和的。
而且相較於更喜怒無常的法國人，比利時人和瓦隆人
（Walloons）[3]似乎比較冷靜。然而我曾在低地一家小客棧
遇上火爆場面。

客棧的廚子有著粗黑濃眉、長相俊俏，顯示他是法
蘭德斯地區那一帶常見的西班牙裔，而他為一位嫵媚的
女侍者神魂顛倒。她迷人的招呼應對，同樣贏得很多
住客歡心，尤其是常下榻該飯店的一位波爾多來的氣色
紅潤、事業有成的白蘭地推銷員。每當他登門，廚子就
會把廚房的出餐口打開，即使他並沒有要出菜。我們也
很習慣看見他駭人的目光尾隨著在餐桌之間遊走的女侍
者喬瑟特。「早晚會出事。」我的同伴說，他喜歡看好
戲，即使不是發生在自己身上。某個令人難忘的夜晚，
我們看著喬瑟特挑逗白蘭地酒商大獻殷勤，忽然間出餐

2　指歐洲西北沿海國家比利時、荷蘭及盧森堡。

3　居住在比利時南部瓦隆大區的人，以講法語為主。

口被猛力推開，一把巨大的切肉刀掠過我們頭頂，降落在喬瑟特一旁的牆邊顫動著。全場一片嘩然！椅子翻倒，托盤落地。坐鎮收銀檯的老闆娘以刺耳的聲調尖叫起來。隨即又飛出另一把剁刀，在瞪著眼毫無悔悟的廚子被拖走之前，那把刀同樣沒命中目標。喬瑟特倒是臨危不亂，她板著臉聳聳肩整理儀容，但白蘭地商人大聲要求結帳並立刻走人，此後沒再回來過。隔天女老闆把喬瑟特開除，但廚子被留了下來──他廚藝了得，為一樁小事失去他可划不來。我必須承認，事情平息之後，我們的晚餐送了上來，他料理的小黃瓜格外可口，順道一堤，絲毫不會消化不良。煮過的小黃瓜去除所有威脅，保留了細膩滋味。

4人份 🔟（Ｖ）

4條大小適中的小黃瓜

1顆蛋黃

1罐優格

美乃滋（隨意）

新鮮蒔蘿，切末

　　將4條大小適中的小黃瓜削皮，橫切成厚段，每段約7.5公分（3吋）長。放入加了少量鹽的滾水裡汆

燙（加蓋），燙約10分鐘或更短時間，直到變軟。小黃瓜充分瀝乾後放入耐火的平底盤裡。把一顆蛋黃和一罐優格一起攪打成醬汁（或甚至可以用些許現成的美乃滋和優格混合而成）。把醬汁加熱但千萬別煮沸，溫熱後抹在小黃瓜上，可能的話再撒上新鮮蒔蘿末。在夏日夜晚，這是一道清爽的菜餚；若要當主菜，配黑麵包吃；隨後再上乳酪和水果。

你也可以端出波蘭風味的醃漬小黃瓜（熟食鋪裡有這類成品）。

6條大小適中的蒔蘿醃黃瓜

白醬（參見頁268）

乳酪絲

奶油

取大約6條大小適中的蒔蘿醃黃瓜，鋪在烤鍋裡。製作簡單的白醬，把白醬倒在醃黃瓜上，再撒上厚厚一層乳酪絲和幾小塊奶油，送進中火預熱的烤箱裡烤15分鐘。這不是有飽足感的一道主菜，不過是很棒的開胃菜，或為肉類冷盤提味。既然我們談到蔬菜，你可以試試把胡蘿蔔和葡萄乾一起煮。把胡蘿蔔放進加了些許葡萄乾的水裡煮熟，撈起煮熟的胡蘿蔔瀝乾，再用一大

球奶油和一小匙糖重新加熱，把胡蘿蔔煎黃，或者稍微「焦糖化」。我曾在迪南（Dinant，位於比利時瓦隆區）吃過用這種方式料理的胡蘿蔔。迪南是傍著默茲河（Meuse）的整潔小鎮，如鏡一般的平靜河面映照著每一棟房屋和尖頂，居民擅長製作一種特殊的薑餅……我買了一組聖徒造型的薑餅，擺放在我廚房的架上，一擺好幾年，陳舊到像石頭一樣硬，看起來卻像木雕。不知情的訪客總以為那些是奇特的中世紀雕塑品。我從沒讓他們的想像幻滅。

盧森堡的派對食物

番茄冰
Tomato Ice

聖多諾黑（Saint Honoré）是糕點師的守護神，我想它的大本營肯定在以糕點聞名的盧森堡。我記得盧森堡人會到糕點鋪吃一整頓餐，全是由各色糕點組成：糖漬栗子（*marrons glacé*）、巧克力閃電泡芙（*Éclair au chocolat*）、咖啡鮮奶油、水果塔、蘭姆巴巴（*rhum baba*）[4]、

4　是將圓筒形蛋糕體浸泡在蘭姆酒風味糖漿裡的一道甜點。

各種夢幻甜品、杏仁蛋白糊做成樹皮的巧克力鮮奶油樹幹蛋糕、糖霜做的天鵝和被稱為修女（*religieuse*）的討喜小蛋糕。那是在人人計算卡路里之前的年代，糕點還會配上一杯相當甜的白酒，或一杯加了打發鮮奶油的巧克力。我想「卡路里攝取量」──正如那些以科學態度對待體重的人稱呼的──會高得嚇人：但我知道我還是會端著小托盤拿著夾子，在各個甜點櫃流連，把糕點夾到愈堆愈高的盤子上，大快朵頤。

　　某次在一場晚宴上，光是想到要再進食我就感到虛

脫，但精明的女主人用一道我從未吃過的東西勾引了我
本來已經膩了的胃口——番茄冰。那是在飽餐一頓後最
圓滿的句點，尤其是對羞於承認嗜愛甜食的世故之人。
我取得了這份食譜如下：

4人份 ⑪（D）

300毫升（1杯）美乃滋

150毫升（½杯）酸奶油

鹽和胡椒

300毫升（1杯）新鮮番茄汁

（或150毫升〔½杯〕罐頭番茄汁或番茄泥）

大蒜，拍碎

½顆洋蔥的汁液

小黃瓜，切片

椒鹽蝴蝶脆餅或脆餅條（隨意）

混合好美乃滋（現成的也行），加入酸奶油、大量
鹽和胡椒、新鮮番茄汁或150毫升（½杯）罐頭番茄
汁、非常少量的蒜末和些許洋蔥汁混合（將半顆的洋蔥
放入榨汁機榨汁）。把整個充分攪拌均勻，倒入製冰盤
或其他器皿，移入冷凍庫直到結凍。出餐時在番茄冰外
圍鋪一圈小黃瓜薄片和熱起司餅。最外圍再鋪一圈椒鹽

蝴蝶脆餅（pretzel），不僅美觀而且搭配著吃很對味。
不論如何，這是很特殊的一道菜，假使你做對的話。

瑞士
起司鍋
Fondue

　　住在瑞士時，坦白說，其安全、寧靜又乾淨等等被
大肆吹噓且吸引無數遊客的那些特質，正是我最不喜歡
的。那就好比生活在機械玩具的高效率世界裡，咕咕
鐘整齊列隊地按整點報時。然而我待在那裡的兩年間，
去了撒哈拉沙漠好幾趟，天底下大概沒有比這兩處差異
更大的地方了。當我愜意地在阿爾及利亞南部晃蕩，緘
默地待在沙塵和寂靜裡，在似乎沒有時間而僅剩下空間
的經緯裡，甚至在那灼熱又雜亂的土地上，我偶爾會升

起一股想吃一頓上好的瑞士鍋的欲望。常言道,「天時地利人和是很難湊齊的」,真希望我能坐在古萊阿(El Golea,阿爾及利亞的綠洲小鎮)的椰棗樹下,與我的阿拉伯朋友一起享用起司鍋(*Fondue*)或起司燒(*raclette*)(另一道起司餐)。不過那裡有著的是——或者說我被款待著的是——無止盡的綠茶和椰棗,當我的東道主掛心地揮開蒼蠅,我則看著沙姆巴族(Chaamba)(沙漠部族,一支特種駱駝騎兵團的主力)正在用穀物餵食他們養的能夠快跑的單峰駱駝(*mehari*),穀物裝在他們長外衣的兜帽內,以免沙子滲入其中。這些勇士們有些像是焦急的母親甜言蜜語哄騙難搞的孩子吃下營養食物似的。而駱駝則伸長狀似蛇的脖子,不滿地呻吟著,似乎對牠們的菜色感到厭煩。瑞士是什麼樣的地方?阿拉伯人問。沒有沙暴?沒有蒼蠅?很冷?(不比夜幕下撒哈拉沙漠的某些地方冷。)下雪?水源豐沛?沒錯。還有噴泉,到處是鍍金的迷人噴泉……以及成千上萬的觀光客。跟古萊阿很不一樣……不過那裡的人也圍坐在火堆旁。只不過是在乾淨的廚房或整潔的客棧裡。沒有駱駝被栓在戶外。也沒有烏列奈爾(Ouled Nail)[5]舞孃穿戴

5　阿爾及利亞的山區部族,部落女孩為籌措嫁妝會下山表演肚皮舞,深受法國殖民者歡迎。

叮鈴作響的金幣首飾，揮舞著蛇形的手臂，扭擺如波浪起伏的肚皮。也許有手風琴獨奏或響起一兩首約德爾曲調（*yodelling*）[6]，當然有起司火鍋，不管身在何處總令我心生渴望的可口起司火鍋。作法如下：

4人份 ⑪（MISC.）

2大匙奶油

3大匙麵粉

600毫升（2杯）牛奶

450克（1磅）葛瑞爾起司

鹽和胡椒

½小匙肉豆蔻粉

　　若以正宗手法烹調這道料理，你需要不甜的白酒和一小杯櫻桃白蘭地（Kirsch）取代牛奶，而且你還需要一口可以保溫的火鍋，或者可以擺放燭火的小架子，好讓你在餐桌上以非常小的火力烹煮，隨時攪拌，而且當場享用滾燙的食物。你當然可以在爐子上烹煮，但沒那麼有趣，也比較難把火力維持在真正的起司鍋所需的低火力。且讓我們設想你是在餐桌上煮：點燃小火，將

6　源於瑞士阿爾卑斯山區的山歌唱法。

陶鍋加熱，陶鍋要置於火源上方的架上，如我頁69的手繪圖所示。在鍋裡融化2大匙奶油。加3大匙麵粉進去，仔細攪拌，用木湯匙不停地畫圓圈攪動。接著把牛奶一點一點加進去，同時持續攪動。當牛奶和麵粉糊開始稍微變稠，加進刨絲或切丁的葛瑞爾起司（Gruyère cheese）。買一整塊的葛瑞爾起司，自行切開刨成絲。始終要不停地攪拌，別擱著不理。這時起司應該已經融化。加鹽和胡椒調味，還有大約½小匙的肉豆蔻粉。

　　此時起司鍋已備妥。瑞士人傳統上是這樣吃的：火鍋擺在餐桌中央，賓客每人有一盤切成大約5公分（2吋）方正的白麵包塊，用叉子叉起麵包塊放入起司鍋內沾起司食用。頭一個不小心讓麵包塊脫落的人，就把它

留在鍋內，並新開一瓶白酒請大家喝，白酒是搭配這道菜餚的傳統飲品。

奧地利

洛可可奶霜
Rococo Cream

奧地利以美食聞名，熱拉爾·德·內瓦爾（Gerard de Nerval）[7]形容維也納是歐洲的餐廳：然而我不覺得那裡的食物格外出色，不過非常濃郁的泡沫甜點和糕餅及加在咖啡或巧克力飲料表面的大坨打發鮮奶油除外，這種裝飾的打發鮮奶油，德文稱為 *schlagober*。奧地利食物的濃郁總讓我想起在維也納、因斯布魯克（Innsbruck）、薩爾斯堡及所有老城裡，住宅和教堂會看到的充滿迴旋曲線的傳統建築。這種十七、十八世紀的巴洛克和洛可可風格，漂亮講究，富麗又活潑。住宅不是粉紅、鵝黃就是淡綠，像蛋糕似的。多半都有別緻的白色裝飾，彷彿是用鮮奶油做的，而不是灰泥或木材。大多數教堂也同樣別緻，室內則充滿了金色、明亮淡色

7　1808-1855年，法國詩人、散文家，浪漫主義文學代表人物之一。

系和彩繪壁畫，聖人雕像身穿蕾絲和天鵝絨，頭戴珠寶
王冠，彷彿以一種玩膩了的世故神情俯視眾生。

　　薩爾斯堡是天才神童莫札特出生定居的城鎮，他未
滿八歲便譜出令全世界讚嘆的美妙樂章。他的故居仍矗
立於斯，這棟高聳狹窄的屋子，位於一條逼仄的街道
上，全挨擠著裝飾得像蛋糕的房屋。屋頂上方，你可以
看見薩爾斯卡莫古特湖區（Salzkammergut）像打發鮮奶
油似的山峰。很多咖啡廳仍充滿談音樂的人，尤其是談
莫札特的音樂，莫札特音樂節在每年夏天舉行。人人喝
著擠上打發鮮奶油的咖啡。他們吃的晚餐通常是小牛肉
或豬肉配德國泡菜，加了凱莉茴香籽（caraway）和大
量馬鈴薯。或許還有巧克力鮮奶油或慕斯，作法如下。

4人份 🔟（D）

110克（¼磅）半甜巧克力

2大匙熱水

4顆蛋，蛋黃蛋白分開

1½大匙香草精

糖粉

打發鮮奶油

咖啡豆

　　把巧克力切成小塊，或使用巧克力豆。用醬汁鍋以微火融化巧克力和2大匙熱水，仔細地一直攪拌。將4顆蛋黃和1½大匙的香草精攪打均勻。將4顆蛋白打發到硬性發泡。將蛋白糊、蛋黃糊和巧克力糊全部拌在一起，攪拌時動作要輕柔。再把它舀到小杯子或一個個的罐子裡，移入冰箱或徑自放涼。一人一杯或一罐，享用前擠上大量的打發鮮奶油，再略微撒一些咖啡粗粉——粗磨的脆粒那種。

德國

波茨坦豬排
Potsdam Pork Chop

　　很多德國食物對我們來說似乎都太沉甸甸了。德國人喜歡扎實的菜餚，麵疙瘩、各種香腸、鵝肉搭德國泡菜的油膩菜色，以及用啤酒料理的各種肉類。我發現這些菜餚令人昏昏沉沉。這道豬排沒那麼難消化，它曾經是波茨坦的無憂宮（Schloss Sanssouci）大門附近一家餐館的拿手菜；我記得去那裡參觀了腓特烈大帝仿照凡爾賽宮而建造的花園和美麗小宮殿，他狂熱迷戀法國的一切。他曾經在此款待伏爾泰和法國其他傑出人物。他們在圓形餐廳用餐，俯瞰著通往下方花園的樓梯台階以及花園外的波茨坦小鎮。我相信腓特烈大帝也喜歡法國菜，但他宴請傑出賓客時端出來的很可能是經典德國菜。也許這些字裡行間的某些東西，能為這法國化的一切增添在地風味。

4人份 ⑪（MM）

4大塊里脊豬排

12顆洋李乾（或1罐洋李泥嬰兒食品）

鹽和胡椒

油

600毫升（2杯）肉湯（或高湯）

6或8顆小顆洋蔥

½顆大顆白甘藍菜

6顆丁香

1大匙麵粉

4人份的話，用4大塊里脊豬排。將12顆洋李乾（prune）用水稍微煮軟，去核後打成果泥（或者你可以用一罐嬰兒吃的洋李泥）。將洋李泥塗抹在豬排的一面，並撒上大量的鹽和胡椒。將2片豬排面貼面合攏，抹洋李泥的那一面朝內，像做三明治一樣，同時用棉繩綁起來。另兩塊也如法炮製。接著將豬排下到加了少許油的熱煎鍋內，把兩面都煎到微黃。煎黃後放入砂鍋中，加入肉湯（bouillon）或高湯、小洋蔥（先用油煎黃）和切成絲的白甘藍菜。再放入丁香、鹽和胡椒。蓋上鍋蓋，移入烤箱以低溫慢慢烤一個半鐘頭。完成後，剪開棉繩，把豬排並排置於盤上，白甘藍菜絲和洋蔥圍在豬排周邊。將一大匙的麵粉和鍋中少許醬汁拌勻，再把芥末醬、鹽和胡椒加進去，攪拌至質地滑順後，倒進砂鍋內和剩餘的醬汁混合，攪拌至醬汁變稠。將醬汁淋在豬排上，配著馬鈴薯泥吃。

巴伐利亞

起司馬芬
Cheese Muff

　　對我來說，巴伐利亞（Bavaria）總是鮮明反映著瘋狂的路德維希國王（King Ludwig）的性格，他耽溺於糾結複雜的事物——在生活上、建築上，甚至在料理上。魚蝦煲（*Hechtenkraut*）是這位不快樂的君主最愛吃的一道菜。不論如何，我們今天能聽到華格納的輝煌樂章，多少也要感謝這位君主，正是路德維希國王把這位作曲家從沒沒無聞的貧困境地解救出來，並建造了一座歌劇院，讓他的音樂能在此聆聽欣賞。路德維希非常神經質，不喜歡跟人相處。他習慣白天睡覺，在日落時起床吃早餐。在半夜吃午餐，在黎明吃晚餐。顛倒的作息讓他的僕役們吃足苦頭，尤其是這位國王很少在任何一座他不停地在整個山脈王國各地興建著的華麗宮殿長待。他會一時興起決定要移宮，於是御用鍍金雪橇要立刻備妥，幾匹白馬套上猩紅色鴕鳥羽飾的挽具，然後國王就在半夜出發了，穿越雪白森林，而廚子和僕役等疾馳的一行人要比國王先行抵達下一個宮殿，將一切準備就緒。魚蝦煲（狗魚、甘藍菜和小龍蝦砂鍋）是國王乘著雪橇奔馳了一路之後最喜歡吃的東西。不過對廚師來

說，這肯定很傷腦筋。

當我為了華格納音樂節、為了狼吞虎嚥華格納的壯麗、為了陷入情緒跌宕的煉獄，而待在拜羅伊特（Bayreuth）附近期間，我們常開車穿越森林回家，一邊還沉醉在樂音之中，震懾於華格納式的磅礡，這時無疑非常不適合開車。有時候從不朽的高度下降，我們會很渴望純屬塵世的物質（但不是魚蝦煲這般複雜的食物），喔，不敵肉身的軟弱，我們會停在路邊某家餐館吃香腸。有時我們會點一道起司菜餚，我想它名叫起司馬芬，跟華格納的音樂一樣濃郁得消化不了。人們說，煮過的起司會讓人作惡夢，但我們享用過後總是睡得香甜。也許我們仍陶醉於崔斯坦絕美的〈愛之死〉

（Liebestod）[8]。

2人份 🔟（E）

110克（¼磅）切達起司或葛瑞爾起司

4大匙奶油

½杯白麵包屑

2顆蛋

鹽和胡椒

　　這是巴伐利亞風味的起司馬芬。（你不會多吃，因為它非常濃郁。）把起司刨絲（約一杯的量）。用一口平底深鍋開小火把奶油融化，接著加入白麵包屑和起司絲並拌勻（請用木匙），直到融化。再加入2顆打散的蛋液、鹽和胡椒。持續攪拌，直到糊狀物開始形成蓬鬆軟綿、馬芬樣子的形狀，這時就告完成。立刻享用，配上吐司或餅乾。隨後可來一道非常清淡的沙拉，淋上少許油和檸檬的醬汁。這道馬芬屬於味道濃厚類，所以不要再加上什麼鮮奶油的甜點。也許再吃點水果和咖啡，別再多了。

8　為華格納創作的歌劇《崔斯坦與伊索德》（Tristan and Isolde）其中的一首詠嘆調，崔斯坦為歌劇主角。

匈牙利

麵珠子匈牙利湯
Tarhonyia Goulash

匈牙利人喜歡滋味極度豐富的食物，而且會添加大量火紅的甜椒和紅椒粉（paprika）。這似乎和他們傳統上喜愛鮮豔服飾的品味很一致，譬如農婦綁的猩紅、亮紫和翠綠的印花頭巾，還有緋紅或印花的百褶裙，褶裙底下一度連著多達二十層漿過的白蕾絲襯裙，而且驚人地配上烏黑發亮的長筒靴，鞋跟有時還會釘上小鐵片，讓她們邊走邊發出叮噹聲，匈牙利人管它叫「音樂鞋跟」。男人穿蓬毛的羊皮襯裡大氅，或者肩上鑲著流蘇的亮紅色外套，綴有花束和緞帶的黑色小圓頂禮帽以略為前傾的方式戴在頭上，現在很多講究時尚的英國人也採用這種戴帽子方式。鄉村節慶的場子像大型玩具鋪似的，全都是跳著查爾達斯舞（csárdás）或波卡舞（polka）的娃娃，或引吭歌唱，或騎著他們在匈牙利中央大平原（Putza）上飼養的野馬。

匈牙利湯（goulash，意指牧牛人烹煮的肉）是匈牙利國菜。在冬天吃最棒，幾乎要花上一整天來燉。（就它本身來說很值得，因此請記得，你可以把材料都備妥後，安心留它在爐火上慢燉。）有時這道料理會配上麵

珠子（*Tarhonyia*），一種自製麵食，麵粉和水揉好後，切成小粒烘烤至乾硬，食用前再下水煮，像煮義大利麵那樣的煮法。麵珠子製作起來不容易，我建議可改用洋薏仁。以下是匈牙利湯其中一種版本。

4人份 🄵（MM）

900克（2磅）瘦牛肉

60克（½杯）麵粉

¼小匙鹽

黑胡椒

2大匙油

4顆洋蔥，切碎

4顆番茄

2大匙洋薏仁

2片月桂葉

4大顆洋李乾

1粒蒜瓣

1小匙紅椒粉

600毫升（2杯）水或紅酒

2大匙鮮奶油（隨意）

將瘦牛肉切成5公分（2吋）厚的方塊。將麵粉連

同¼小匙鹽和大量胡椒倒進一只乾淨的紙袋內，再把牛肉塊放進去，袋口束緊，使勁甩幾下，讓牛肉塊均勻裹上麵粉。接著把裹粉的肉塊下到加了油和洋蔥末的煎鍋快速煎黃。選一口有緊密上蓋的燉鍋，土鍋、鑄鐵鍋或玻璃鍋都行。把煎黃的肉塊和洋蔥末一同倒入燉鍋中，加入切四瓣的番茄、2大匙洋薏仁（取代麵珠子）、月桂葉、洋李乾、切末的蒜瓣和紅椒粉（當然是溫和的甜椒粉，除非你希望口腔上顎感覺像被剝了一層皮）。將水倒進鍋中。或者倒入紅酒，最便宜的就行了。

　　鍋蓋蓋緊，送入中火的烤箱。20分鐘後，盡可能把火轉小，把燉肉留在烤箱裡燜燉至少4或5小時。烤到一半時查看一下燉肉，輕輕拌一拌。假使汁液快燒乾，可再注入約150毫升（½杯）你所用的液體，但一次注

入一點，而且除非看似乾了。別把液體加到淹沒肉塊，這麼一來燉汁無法再次變得濃稠，但也不能讓燉肉變成在乾燒；應該要有不少肉汁才對。火愈小、燉得愈慢愈久，滋味會更好。

如果你希望這道燉肉看起來別緻一點，出餐前拌入兩大匙鮮奶油，但切記鮮奶油要在最後一刻才加，若是鮮奶油在烤箱裡烘烤會結塊。這道料理可配著連皮烤的馬鈴薯吃。

捷克

泥人的麵糰子
The Golem's Dumpling

泥人（*Golem*）是傳說中的怪物，存在於中世紀的布拉格，這座捷克的首都也是當時波希米亞的首都。布拉格城內布滿蜿蜒的狹仄街巷，條條通往高高盤據山上、俯瞰河流的赫拉德卡尼堡（Hradschin Castle）的尖角塔樓。舊城區充斥著陰森的詭祕傳說。我還記得那條煉金術士街，那裡會讓你覺得，若往小窗戶裡頭瞧就會看見通靈師或魔法師或巫師，不是在調製靈丹就是在施魔咒。泥人的傳說便緣起於此。據說它是猶大羅

維（Rabbi Judah Löw）創造的龐然怪物，某種機器人，會行走和工作，但無法思考也沒有感覺。它本來是要用來在屋內幹活的，但最終變得威力強大，以致人人都怕它，不知它會做出什麼事來。它是被某種符咒「閃符」（the Shem）賦予生命、開始活動；這種「閃符」是寫在一張紙上並放在它口中，而只有當猶大羅維在大街小巷追上它，設法從它口裡取出「閃符」，才能解除符咒。泥人會立時化為他腳下的塵土，再也不會騷擾布拉格居民。舊猶太會堂保存著它的衣服碎片，我曾在那裡看過據傳是泥人穿的大衣。

　　不論如何，泥人是老布拉格的傳說，居民依然記得。但沒有人能告訴我，泥人是否跟活生生的人一樣吃

喝，假使是的話，我敢說它會喝啤酒，那是距布拉格不遠的皮爾森（Pilsen）釀的皮爾森啤酒（*Pilsner*），而且吃麵糰子，那是捷克人最愛吃的其中一種菜餚。他們會配肉或果醬吃；要不然就做成湯糰子，或加凱莉茴香籽調味。麵糰子的作法如下：

2人份 🔟（MISC.）

6大匙麵粉

1小撮鹽

3顆雞蛋，蛋白蛋黃分開

2大匙奶油

1罐清湯（不是袋裝的那種）或4杯水

起司絲（隨意）

1大匙凱莉茴香籽（隨意）

　　將麵粉放進大碗裡，加1小撮鹽進去。把蛋黃打散，拌入放軟了的奶油。把蛋黃、奶油和麵粉全部拌在一起，攪拌成質地滑順的麵糊。最好是用木匙來拌。把蛋白打發成堅挺的蛋白霜，再把蛋白霜拌入麵糊，然後使勁攪拌一兩分鐘。將麵糰捏成小丸子狀（當然是用你的手來捏）。你可捏成你要的大小（我會建議捏成小金桔的大小）。接著將麵丸子投入滾沸的高湯（清

湯）或清水中煮。當麵丸子浮到水面，就是熟了。假使你想配果醬吃，那麼當然就不會用高湯來煮，而是用清水煮。假使你用罐頭湯來煮，譬如牛或雞的法式清湯（*consommé*），那麼你可當湯糰子吃，搭配些許起司絲，就是最飽足的一道冬季餐食。如果你想在麵糰子裡加凱莉茴香籽，在製作麵糰時就要把它加進去。

波蘭

煎魚餅
Kotletki

　　波蘭人吃大量魚肉，由於大多數是羅馬天主教徒，他們當然也會在星期五、齋戒日以及聖誕夜吃魚，而鑲鯉魚則是他們的傳統菜餚。（聖誕夜的另一個傳統是在餐桌布底下鋪上一些麥桿，紀念耶穌誕生的馬槽。）

　　用新鮮或罐頭鮭魚做的一道比較簡單的波蘭料理叫做*Kotletki*，我們大概可以把它說成是煎魚餅[9]。在很多國家可以找到類似的菜色，在希臘叫做*Kephtedes*，是用紅肉、青豆和當地調味料做的。在土耳其叫做*Soutsouka*，

9　其他斯拉夫國家也使用 Kotletki 一字，通常泛指煎肉餅。

則是用米飯、橄欖和葡萄葉做的，比較油膩。以下是波蘭的煎魚餅。

4人份 ⑪（MF）

1杯白麵包

150毫升（½杯）牛奶

225克（½磅）罐頭鮭魚（或新鮮鮭魚，先用一顆切片的

洋蔥一起煮熟）

4大匙融化奶油

2小撮鹽

1小撮胡椒

1小匙肉豆蔻粉

麵粉

奶油

小黃瓜

優格

　　將一杯的白麵包剝成小塊（去邊），放進牛奶中浸泡。麵包塊變得柔軟濕潤時，與品質最佳的罐頭鮭魚混合在一起，鮭魚要先瀝乾並用叉子鏟碎。（如果你用新鮮鮭魚，將魚肉放入加了水的鍋中，水要蓋過魚肉，連同一顆切片的洋蔥及少許鹽，以小火煮15分鐘。之後

把魚肉撈出，放涼備用。）將濕麵包和魚肉一起與融化的奶油攪打均勻。加鹽和胡椒調味，2小撮鹽和1小撮胡椒，接著——這是讓滋味格外美妙的祕訣——撒上大量的肉豆蔻粉在混合物上，至少要1小匙的量，然後再次混拌到好。接著把這一團黏糊物捏成厚厚的小香腸狀，約10公分（4吋）長，略微撒一些麵粉後，用奶油或植物油嫩煎。起鍋後，配上生小黃瓜切片和一碗優格當蔬菜與沾醬。

　　這些配菜讓這道煎魚餅化平凡為神奇，因此除非你手邊有多出來的配菜，否則就不須費事做這道波蘭煎魚餅。

波蘭

考瑙斯咖啡
Café Kaunas

　　這道又叫做波蘭咖啡，但我頭一次喝到它時，是在考瑙斯一家小咖啡廳裡，而這裡屬於立陶宛。我記得那是一家昏暗的小客棧，室內裝飾著高雅的白瓷大爐台，爐台上令人舒心地嗡嗡嘶嘶響著。屋外有個精美的鍍金鐵招牌，懸吊在陡直的磚瓦屋頂，招牌上是一條蜷曲的

龍，吃著我猜想是椒鹽脆餅；那部分的世界全是動物和怪獸的王國，這些野獸蜷曲和盤繞在店鋪招牌上，嘴巴啣著燈籠，或被當成落水管。咖啡廳裡若干居民喝著以玻璃杯盛裝的茶，如同俄羅斯的作法，或是我即將介紹的這款醉人飲品，考瑙斯咖啡。他們大多讀著咖啡廳提供的報紙，每份報紙都固定在一種奇特的架子上，讓他們能用一手打開報紙，空出另一手端起杯子，或者隨著攸關中歐政局的討論激昂地揮舞。

　　戰爭期間我常在倫敦為自己沖煮這款飲品，當時儘管物資短缺，但從不缺咖啡或可可。它常常是相當乏味的一餐的美好句點，因為甜食帶來了充裕的幻覺。不過倘若你不愛吃甜，千萬別試。

4人份 🔟（B）

600毫升（3杯茶杯）濃烈黑咖啡

糖

300毫升（1杯）極濃的巧克力或可可

（或一條無糖的純巧克力）

　　將泡好的咖啡倒進一只壺內，加入巧克力或可可（我偏好可可），攪打至起泡；再加糖調味，接著繼續輕快地攪打。重新加熱後立即享用。我加的糖是從放了一

根香草籽的糖罐舀來的，這不過是為了額外增添一絲優雅氣息。考瑙斯咖啡應該要夠濃厚。假使你用研磨的巧克力，務必要一點一點加入熱咖啡中攪打，確認都徹底融化了。你一定要根據你用的可可或巧克力是否已加了甜味而調整糖的用量。

波蘭

果凍
Kisiel

　　這是一道典型的斯拉夫甜點，你可以用各種不同的果汁來做。用櫻桃汁、紅醋栗汁、覆盆子汁或草莓汁來做最棒。你也可以用罐頭水果或燉煮水果剩下來的汁液來做。

4人份 ⬤ (D)

600毫升（2杯）果汁

糖（適量）

1大匙玉米粉

將果汁過濾，準備2杯的量。先將一大匙玉米粉和

些許果汁混合，攪打至滑順沒有結塊，再把其餘果汁加進來，加糖調味。

將全部液體倒入平底深鍋，慢慢煮滾，期間要不停攪拌，免得燒焦。當開始變稠，倒進模具內放涼讓它凝固。如果你放一整夜會更好。可以冷藏過夜，不過要等到徹底涼了之後才移入冰箱。如果它凝結得宜，將它倒扣取出就會像果凍。假使它還有一點搖晃，那麼上桌前快速攪打一下，它會像濃稠的果泥，就當成果泥來吃；搭配酸奶油或牛奶吃很棒，也可以來上一片甜餅乾。

烏克蘭

果戈蒙戈蛋酒
Gogel-Mogel

我不知道這款精緻濃郁的金黃甜品為何叫做果戈蒙戈（Gogel-Mogel）。俄羅斯的孩子很愛吃這款甜點，而且會在生日和節慶等特別的日子吃。在我看來，這名稱很像我們在古斯拉夫傳說中會讀到的童話怪物、小矮人、巫師和被施了魔咒的動物：住在長了雞腳小屋裡的女巫雅加婆婆（Baba Yaga）、吃金黃堅果的松鼠、薩坦沙皇（Tsar Saltan）和三位皇子、轉向左右邊會分別吟

詩和作文的機智貓、水妖露莎卡（Roussalka）、金雞等等，諸如此類斯拉夫傳說和音樂裡的人物角色。也許你是從穆索斯基（Moussorgsky）的《展覽會之畫》組曲或林姆斯基－高沙可夫（Rimsky-Korsakov）的《薩坦沙皇》歌劇等音樂知道他們的故事。每當我聽這些樂曲，總想像這些傳奇人物住在松木林和白樺木林深處，在積雪冰封、白茫茫的寂靜世界裡，他們聚在一起吃著果戈蒙戈布丁，享受雪地野餐。我一位俄羅斯朋友，老家就在烏克蘭，靠近索羅欽斯基（Sorotchinsky）一地，那裡是俄羅斯不朽作家果戈里（Nikolai Gogol）的出生地（我不禁在想，這之間有沒有關聯——這道料理說不定源自果戈里的家鄉廚房？），他告訴我他的保姆會這麼做：

2人份 🄕（D）

4顆蛋黃

6大匙淺紅糖（黃糖）

¼小匙香草精（隨意）

　　將蛋黃和糖蜜較少的紅糖（亦即黃糖）混合攪打至非常滑順，再用水浴法隔水加熱，這樣就好了。溫熱後再次把蛋黃糊攪打到濃稠，舀到小罐子裡，放涼即成。

喜歡的話，攪打時可加入 ¼ 小匙的香草精。我曾有個俄羅斯廚子伊芙吉尼婭，她會加一些融化的巧克力，讓它更誘人，或者噁心，端看個人口味。俄羅斯料理大體上都很濃郁、繁複、華麗得過度，合乎斯拉夫人的性情，也和他們中世紀建築那些鍍金且多彩的裝飾華麗教堂及濕壁畫大廳堂頗為一致。一本十九世紀初的俄羅斯料理經典裡有一道食譜，以這般浮誇的口氣開場：「取五百顆雞蛋的蛋黃⋯⋯」我不禁納悶，那蛋白該怎麼辦？

高加索

烤肉串
Shashlik

（野餐派對的絕佳菜色）

這其實只是特殊作法的烤肉——可見於整個近東[10]和中東地區，在這些地區它被稱為串燒（*shish kebab*）。這也是一小塊肉立大功的好方法，美觀又不同凡響。在戶外圍著營火進行這道料理格外美妙，但你也可以用烤

---

10 Near East，是早期西方地理學者用來指稱鄰近歐洲的東方，指地中海東部沿岸地區，包括非洲東北部和亞洲西南部，有時也包括巴爾幹半島。

架在你的爐灶裡料理。你必須準備一組鐵叉，大多數的五金行都買得到。高加索山的喬治亞部落有時會把肉串在劍上烤，他們在烤好的肉塊上淋一杯白蘭地，引火之後把焰燒的肉送上桌。有時他們會一面跳舞，一面揮舞著燃火的劍，頭頂上戴著向上翹起的黑色羊皮圓錐帽，就像我在插圖裡畫的——非常刺激，但這不是在一般的廚房裡可以跳的那種舞。

3-4人份 🍴（MM）

675克（1½磅）羔羊肉或羊肉

75毫升（¼杯）橄欖油或其它植物油

150毫升（½杯）醋

2片月桂葉

1顆洋蔥

3或4顆番茄

蘑菇（隨意）

培根（隨意）

　　烤肉好吃的祕訣在於肉要醃漬一夜。羊肉或羔羊肉一般取腰肉或肩肉，切成5公分（2吋）厚的方塊，不要肥肉，將肉塊放入盆裡，加醋、油、2片月桂葉和粗切丁的洋蔥，醃漬浸泡一夜。可能的話，再放到隔夜前

至少翻面一次。隔天，將肉塊取出並瀝乾。經過這道手續後，再老的肉也會變得軟嫩。

接著把肉塊串到肉叉上，二塊肉塊之間串上切成¼瓣的番茄或一顆蘑菇，甚至一點培根肉，直到肉叉串滿。串好後整支刷上植物油，用烘焙刷或乾淨的小油漆刷來塗抹。高加索人會用綁成小掃帚似的一小束鵝毛來塗抹。把肉串置於烤架上（或轉大火的烤箱內，距離上火5-7.5公分〔2或3吋〕之處），翻面2至3次。大約烤10分鐘肉就熟了。出餐時，整支肉串直接上桌，通常會擺在一小堆白米飯旁邊。要吃之前，用叉子把肉塊和番茄戳移到盤子上。

若是野餐，可用烤馬鈴薯取代米飯（比烤肉早半小時開始烤）。馬鈴薯雖不是傳統的配菜，但烹飪就跟做其他事情一樣，退而求其次的備案通常有必要，因此務必找到最好的次要選擇。以這道料理來說，就是馬鈴薯。

順道一提，你也可以烤魚肉串，歐洲比目魚（turbot）、黑線鱈（haddock）或任何肉質堅實的魚類。備料時，魚肉切大塊，用油、洋蔥汁、檸檬汁、鹽、胡椒和紅椒粉混合後（油和檸檬汁的比例為3:1，再加上稍許其他佐料）醃漬數小時。將魚肉串到肉叉上，魚肉之間串上月桂葉，或蘑菇、或番茄。

俄羅斯

帕斯卡蛋糕
Paska

（復活節甜點，但任何時候都美味）

　　舊日時光，當莫斯科城上千座教堂的鐘聲響起，空氣也隨著嗡鳴起來，復活節彌撒是這一切的高潮。彌撒在周六夜舉行，人人上教堂，手持點燃的蠟燭唱歌祈禱。在午夜之前，教士手拿聖經舉著聖像（或者聖徒的肖像），列隊在教堂外面繞行，唱詩班跟在後頭吟誦，一張張臉孔由手中的蠟燭照亮。多年前我第一次造訪莫斯科是在夏秋之際：「金冠莫斯科。」普希金（Pushkin）[11]寫道。他說的是一連串閃耀著顫動光芒的鍍金穹頂和十字架，我還記得太陽斜掠金光閃爍的天際，照亮克里姆林宮大門外聖瓦西里大教堂（Vassili Blageni）的霸氣壯美。不過當時我還沒見過白雪冰封的俄羅斯，是在之後才見識到了。每到復活節，不管我人在何處，總會前往俄羅斯東正教教堂望彌撒，尼斯、哥本哈根、日內瓦、伊斯坦堡、紐約、甚至洛杉磯，都有流瀉著波頓揚斯基

---

[11] 1799-1837，俄國詩人、劇作家，被尊稱為「俄國詩歌的太陽」、「俄國文學之父」。

（Dmitry Bortniansky）令人神迷的音樂及歌聲繚繞的教堂。在巴黎，達魯街上有座俄羅斯教堂，我常上那裡望迷人的復活節彌撒。一回，在渾然忘我之際，我手中燭火燒到身上衣服，幸好一位模樣瀟灑的陌生人及時把火撲滅救了我一命；他是俄羅斯流亡者，自稱曾經在冬宮擔任首席甜點師，他用糖粉拼出的字教會我說俄語或西里爾（Kyrillic）字母。不論如何，他做的帕斯卡蛋糕是我吃過最好吃的，不管冬天、夏天、聖誕節或復活節，我都要求來一道帕斯卡蛋糕，雖然傳統上來說，它只會在復活節慶祝四旬期守齋結束的開齋盛宴上吃。午夜彌撒結束，每個人跟身旁的人交換三次吻頰禮（我的救星也沒省略），高呼「基督復活了」之後，便返家吃一些傳統菜餚，其中少不了帕斯卡蛋糕。這道甜點作法繁複，滋味濃郁，需要一種特殊的奶油起司和大量奶油，也很耗時。但因為它格外可口，我提供一個簡化的版本，但願你跟我一樣愛上它，而我每到復活節都會做。這是一道派對食物。

6人份 ⑪（D）

450克（1磅）無鹽奶油起司

300毫升（½品脫）酸奶油

1杯糖粉

½小匙香草精

½小匙杏仁精

1杯無籽葡萄乾

2大匙砂糖

5大匙蜜餞（櫻桃、薑、柳橙或果皮乾、當歸蜜餞等等）

核桃或杏仁碎粒（隨意）

冰糖櫻桃（隨意）

將無籽葡萄乾泡在加了一大匙糖的熱水裡。把蜜餞切成碎片，或買切碎的綜合蜜餞，櫻桃、薑、柳橙、果皮乾、當歸蜜餞等等，每一樣都各放一點。取奶油起司，要絕對無鹽又新鮮的，放入大口盆裡，連同酸奶油一起攪打。打到質地滑順，一邊攪打一邊加糖粉、香草精和杏仁精。等到葡萄乾泡到剛好膨脹起來了（約莫半小時），撈起徹底瀝乾，加到奶油糊裡，接著再加切碎的冰糖櫻桃。充分混勻。現在整糰混合物應該質地非常扎實。假使它看起來太綿滑，多加一點起司和糖。用叉子來整形，把它堆砌整成大略的金字塔形狀。可能的話，移入冰箱裡冷藏一夜。最後用核桃或去皮杏仁以及整粒的冰糖櫻桃裝飾，讓這些裝飾密布在雪白小丘的整個外觀。

瑞典

鯷魚薯派
Anjovislåda

在北國，被雪包覆的漫長冬季僅有幾小時的天光，短暫的夏季則沒有夜晚。也就是說，太陽很晚才西沉，大約晚上十一點，淡灰藍的暮光會持續幾個鐘頭。天色從未真的暗下來，你通常有足夠光線可以整夜看書。隨後太陽又忽然升起。在冬天，那裡有北極光，徹夜閃耀天際，空靈璀璨。對我來說，這個地區的世界永遠住著塞爾瑪・拉格洛夫（Selma Lagerlöf）[12]小說裡的人物，我總想像著一列雪橇在雪地上奔馳，拉雪橇的馬兒噴著鼻息驚恐地往前衝刺，因為後頭的一群狼就要追上來，雪橇上一位神似葛麗泰・嘉寶（Greta Garbo）[13]的標緻美人，終於被一旁的愛人說動，把她的貂皮暖手筒往後一丟，好讓狼群爭相搶咬暖手筒及其鑲上珠寶的鍊條，錯失追擊的黃金時刻。

事實上，這地區是拉普蘭（Lapland），居民多半是馴鹿牧人和設陷阱捕獸者。他們也會駕雪橇橫越冰封大

---

[12] 瑞典作家、1909 年諾貝爾文學獎得主，也是世上第一位獲得該獎項的女性，代表作為童話小說《騎鵝旅行記》。

[13] 瑞典國寶級電影女演員。

地，但通常是馴鹿拉的雪橇（如同聖誕老人），這一帶
狼群也會遇上比貂皮暖手筒更實際的挑戰。居民用訓練
有素的老鷹來獵殺狼，巨大猛禽就棲息在他們肩膀上，
一有狼群出現，老鷹便被鬆開，往狼群猛撲，激戰屠
殺。

　　拉普人大多吃肉乾、馴鹿肉或煙燻培根。在那樣的
氣候裡，他們鮮能取得新鮮水果或蔬菜，除了仲夏時
節森林裡會長出莓果類。一年一度或兩度，他們會南
行，前往最近的瑞典城市，拿動物的毛皮交易，採買蔬
果糧食，維持接下來幾個月的生活。進城後他們在客棧
吃喝作樂，他們享用的就是以下這類菜單：水果濃湯，
所有波羅的海地區和斯堪地那維亞民族都很常吃；各種
美味的鹹魚、醃黃瓜、特製的開胃小菜、火腿做的小

餡餅，每一樣都來一點，瑞典人就愛在正餐前吃這些（儘管那一些本身就等於一份正餐了），稱為前菜百匯（*smörgåsbord*）；然後，吃完一道培根料理也許會來一份鯷魚薯派（*Anjovislåda*），作法如下：

6人份 🍴（MISC.）

6顆大型馬鈴薯

1杯麵包屑

1罐鯷魚柳片

110克（¼磅）奶油

150毫升（½杯）番茄泥

　　這是又快又容易料理的一道菜，尤其是你有一些煮好的馬鈴薯想解決掉的話，假使沒有，把6顆大型馬鈴薯水煮約20分鐘。將砂鍋內壁充分抹上奶油，撒上麵包屑。水煮馬鈴薯切片，別切太薄，在砂鍋內鋪一層馬鈴薯片。在薯片上鋪3或4尾鯷魚柳片（罐頭的）、些許麵包屑、幾小塊奶油和幾小匙番茄泥。接著再鋪另一層薯片、更多的鯷魚等，如此把砂鍋鋪滿。最後覆蓋一層麵包屑並蓋滿大量的奶油丁。頂端罩上一張錫箔紙或防油紙，可以防止鍋中物變得太乾，移入中火的烤箱烤半小時即成。

挪威

獵人薯餅
The Hunter's Dish

　　這種料理馬鈴薯的方式——把馬鈴薯直接當成正餐——來自某個不走運的挪威獵人，他長時間日夜待在冷列的野外，打算獵捕松雞、鹿或野鴨，卻一無所獲，於是他飢腸轆轆回到家，失望地發現食物貯藏室裡除了馬鈴薯之外什麼也沒有。這道菜是獵人親自料理，或抱著期待與耐心等著他回家的妻子做的，我無從得知，不過它的作法如下，而且非常好吃。它很像我們的馬鈴薯煎餅，如果該嘗試的菜色都做過了，再也沒有什麼會令你動心的時候，也許就可以試試這道菜。我記得家母會用脅迫的眼神盯著廚子說：「你今天最好變出一頭新牲畜來。」這句話總讓我幼小的心靈充滿了最愉悅的期盼。

2人份 🆑（MISC.）

4至6顆大小適中的馬鈴薯

1大匙奶油

鹽和胡椒

3大匙牛奶或鮮奶油

2顆蛋黃

麵粉

豬油，嫩煎用

取4至6顆煮熟的馬鈴薯（若沒有熟的，就把生的馬鈴薯放入鹽水中煮大約20分鐘或煮至軟，水要蓋過表面）。把馬鈴薯搗成泥，連同一大塊奶油，大約1大匙，以及些許鹽和胡椒、3大匙牛奶或鮮奶油一起搗成滑順的薯泥。再把2大匙麵粉及2顆蛋黃加進去，攪打均勻。用豬油或培根起油鍋，把薯泥麵糰（每次取一大坨，表面略微敷上麵粉）兩面煎黃即成。我喜歡把它當成主食；也許先喝一點湯，最後再配一點滋味鮮烈的東西，像是鳳梨片。

丹麥

冬日水果沙拉
Winter Fruit Salad

這道料理來自夏季短暫而冬季漫長的陰沉國家。但是它迷人的首都卻毫不陰鬱，瀰漫著舒適歡快的氣息；十八世紀的小宮殿有熊皮高帽衛兵駐守著玩具似的緋紅崗亭；運河沿岸成排的房屋漆上亮麗的色彩；黃色、

藍色和翠綠色的立面，有穀物零售鋪、華人餐館、刺青店等等；快活喧鬧的水手區比鄰優雅的小小市中心；市中心有一座華麗的歌劇院，歡樂的咖啡館羅列兩側，老教堂的青銅尖頂或呈蟠龍盤曲，或呈迴旋梯。丹麥不產奇異蔬果，但形形色色的海鮮彌補了缺憾。進口的水果乾、洋李、杏桃等等，都可以在鋪著卵石的碼頭兩側陰暗的老式小雜貨鋪找到。碼頭還有很多漁市，海鷗盤旋、鳴叫、俯衝，奪取堆成一座滑溜小山的亮閃閃的魚。麥片粥、麵包和牛奶、水果湯、奶油和起司，這些都是日常食物，因為丹麥是富裕的農業國家。培根也常

出現在日常菜餚裡。在漫長的冬季，小孩子有時會吃水果溫沙拉，我猜想安徒生的孩子們其中一位就是愛吃這一類食物，也許是小克勞斯，當他愜意地坐在白瓷大爐檯旁打著呼嚕或者喧鬧時，屋外覆雪的狹窄街道上，賣火柴的可憐小女孩渴望著同樣美味的食物。這道料理的作法很簡單。

4人份 🔟（Ｓ）

1杯洋李乾

1杯杏桃乾

4條大小適中的熟成香蕉

葡萄乾

300毫升（1杯）新鮮柳橙汁

3大匙蜂蜜

檸檬皮

奶油

　　將洋李乾和杏桃乾泡在溫水裡一小時或更久。在扁平的大烤盤裡鋪上切成4段的4條大小適中的熟成香蕉。在每段香蕉之間擺放泡過水的洋李和杏桃，同時也撒一點葡萄乾。把新鮮柳橙汁和3大匙蜂蜜攪拌在一起讓蜂蜜融化，然後注入烤盤。刨一些檸檬皮絲，平均撒

在烤盤上，再放一些小塊奶油——大約方糖大小，差不
多要6塊——均勻分布在水果上。將烤盤送入中火的烤
箱烤半小時。出爐後配著鮮奶油吃，不加也很棒。

芬蘭

芬蘭砂鍋
Kaalilaatikko

在芬蘭，漫長的寒冬冷冽無比，人人最先想到的就
是如何保暖。大量豬肉被吃下肚，有句古諺道：「吃豬
肉讓人身子暖，身子暖了就有力氣去愛。」芬蘭人也用
一種特別的蒸汽浴保暖，叫做桑拿浴，現今的人會在院
子裡蓋桑拿房，就跟美國人在院子裡蓋泳池一樣常見。
桑拿浴是一種高溫的蒸氣浴（很像土耳其浴），蒸個大
約一小時，有些芬蘭人會勇氣十足地赤條條衝出來，在
雪地打滾。據說這樣可以大大促進血液循環，但我寧願
不去試。我有個芬蘭朋友住在長島（紐約），她在後陽台
蓋了一間桑拿房。我問過她是否曾經裸身在雪地打滾、
鄰居怎麼想等等，但她避重就輕地說，桑拿房蓋好後那
裡還沒下過雪。她保有很多芬蘭的生活方式，常常煮芬
蘭食物。芬蘭砂鍋（*Kaalilaatikko*）是她最愛的一道。

4人份 （MM）

4塊豬排

2尾新鮮鯡魚

4顆大小適中的馬鈴薯

4顆洋蔥

奶油

2顆雞蛋

600毫升（2杯）牛奶

1大匙麵粉

1小撮鹽和胡椒

　　將鯡魚對半縱切，去除魚骨；去頭去尾（當然你可以請魚販代勞）。將馬鈴薯削皮切薄片。洋蔥也如法炮製。在砂鍋內壁塗抹奶油，先鋪一層馬鈴薯再鋪一層洋

蔥，接著擺上兩塊豬排和2片半邊的鯡魚，然後又是一層馬鈴薯和一層洋蔥，繼而再擺上另外兩塊豬排和剩下的兩片半邊魚肉，最後把剩下的馬鈴薯和洋蔥鋪滿最上層，撒上些許奶油塊。移入中火的烤箱烤1小時，不須加蓋。接著把雞蛋打散和牛奶混拌在一起，再加麵粉進去（務必把麵粉拌到非常滑順，不能有結塊），最後加上1小撮鹽和胡椒調味，然後把蛋奶糊倒入砂鍋裡，讓它往下滲透並形成一層表面。把砂鍋送回開中火的烤箱，續烤約半小時，烤到蛋奶糊凝固，你的芬蘭砂鍋便大功告成。

西班牙

天堂小豬
Little Pigs of Heaven

　　這道美妙甜品只應天上有，而且不容易做，不過很值得你花功夫。但願我知道這名稱由來；說不定是因為這小巧甜食看起來像肥嘟嘟的小豬，又美味可口。據說它源自安達魯西亞，司湯達爾（Stendhal）[14]曾說，那裡

---

[14] 1783-1842，法國小說家，著有《紅與黑》一書。

是世上留有歡樂印記的土地之一。當摩爾人棄守安達魯西亞，他們留下了濃烈的阿拉伯風韻，在音樂、建築和食物上均是：西班牙歌曲奇特的悽愴悲嘯和單音的四分音、圍繞著瓷磚露台和噴泉庭院的房屋，以及甜膩的菜餚——在在顯示摩爾文化的淵源。小豬的作法如下。

4人份 ⑪（D）

110克（½杯）糖

300毫升（1杯）溫水

6顆蛋黃

2小條黑巧克力棒

300毫升（1杯）滾水

1小匙香草精

本食譜承蒙墨菲伯爵夫人（Countess Morphy）[15]提供。

把糖和溫水放入平底深鍋中，快火煮至濃稠形成糖漿；當你的湯匙從糖漿中舀起拉出一條長而滑順的線，幾乎就像一條精細的絲帶，糖漿就知道煮好了。鍋子

---

[15] 1874-1938，本名為Marcelle Azra Hincks，英國飲食作家，以評論全球美食的著作聞名。

離火，置旁放涼。蛋黃打散。等糖漿冷卻，便把蛋黃液徐徐加進去，不時攪拌（假使糖漿太燙，這一道料理就毀了）。把漿液倒入多個耐火的小烤盅，玻璃或陶製均可。接著把這些小烤盅放入一口大型平底深鍋，甚或一口大型的深槽煎鍋。將水注入深鍋，水的高度達到小烤盅側邊高度的一半。這道手續要做得很仔細，否則當水開始沸騰，沸滾的泡泡會溢入小豬裡。煮的時候無須加蓋。

讓水保持沸滾，但別滾得太洶湧。當漿液看起來凝固了（用刀測試看看），戴隔熱手套或者用夾子，將小烤盅從鍋中取出，置旁放涼。接著小豬就可露臉（用一把溫熱過的刀子，沿著烤盅內壁劃一圈，再將小烤盅倒扣盤中）。淋上熱巧克力醬。你可以用現成的熱巧克力

醬，或者把原味的食用巧克力放入一杯滾水中融解，加一小匙香草精，但別加糖。要緩緩加熱，不停攪拌。（或者你可以用品質好的果醬，要加熱過。）變燙但尚未煮沸時，即可起鍋，淋在天堂小豬上……美妙無比，真是沒話說，而且甜滋滋得足以收服包頭巾的摩爾人。

西班牙

卡門栗子湯
Carmen's Chestnut Soup

在我其中一本最老舊而且被翻爛了的料理書裡，這道湯的名稱便是如此，那是一本有百餘年歷史的料理書，寫在普羅斯佩・梅里美（Prosper Mérimée）創造出同名的不朽人物之前：不過我認為，梅里美筆下的卡門和任何食譜之間都沒有關聯。她不是相夫教子洗手作羹湯的那一型女人。很遺憾地，她的真實性情被一系列管弦樂選粹沖淡了，我們忘了她的狂野潑辣，也忘了比才（Bizet）原劇的磅礴氣勢。每當我聽到〈愛情是隻任性的鳥兒〉的旋律從棕櫚樹繁茂的中庭裡咖啡杯碰撞的嘈雜聲中升起，我想起她大膽激烈的行徑，她無關道德的本性，被大多數不經心的聆聽者遺忘；對聽者來說，她

成了某種朦朧的西班牙符碼——身穿華美衣裳、迴旋的裙襬、梳起高聳的髮髻裝飾、口啣著一朵康乃馨的完美典型。

　　我不認為卡門進過廚房做菜。梅里美描寫她在室內的唯一一幕（菸草工廠除外，她持刀在裡頭掀起一場騷亂）是跟為她神魂顛倒的唐荷賽（Don José）共處一室的火熱橋段；她帶著糖果、蛋糕和酒像要野餐似的，領著他進入塞維亞老城骯髒街道上一處空蕩蕩的房內。在那裡，除了親吻之外，她還把盤子扔向天花板打蒼蠅，並撿起盤子碎片當作響板，為狂野的安達魯西亞卡楚恰舞（cachucha）伴奏。不，她絕對不是安分持家的那一型。話說回來，假使她下廚的話，我認為這道栗子湯很合乎她的個性。

4人份 🍳（SP）

1.8公斤（4磅）栗子

1大塊培根

225克（½磅）燉煮的小牛肉

1顆洋蔥

1條胡蘿蔔

鹽和黑胡椒

1小撮豆蔻皮磨粉

1小匙紅糖

3公升（10杯）小牛肉高湯

或牛高湯（等量的好品質罐頭高湯）

以小火或烤箱焙烤栗子半小時左右，千萬別烤焦。剝殼後放入高湯中慢燉。取另一口燉鍋，放入大塊培根、切成小方塊的小牛肉、胡蘿蔔、洋蔥、辛香草、豆蔻皮粉、胡椒和鹽，開火乾烙至肉開始黏鍋；培根會釋出足夠的油脂，短時間內可避免肉焦掉。接著注入900毫升（3杯）高湯，不加蓋，把火轉大快煮一下，讓汁液略為收乾。大約半小時之後，把肉塊連汁倒入燉煮栗子的鍋中，栗子這會兒在肉湯裡變軟了。蓋上鍋蓋，把一整鍋再煮15分鐘至微滾，起鍋前加1小匙糖。另一本十八世紀的料理書寫道：「一個好手藝的西班牙廚子會再剁碎一隻雉雞和一對山鶉進去，增添風味。」但我想

我們很少人有那般的好手藝，還是滿足於較適中的版本就好。別忘了，端上桌前先濾出湯汁，撈除肉塊和蔬菜料——換上些許栗子當配菜裝飾。

葡萄牙

漁家鑲餡檸檬
Fisherman's Lemons

　　整個葡萄牙海岸，洶湧的大西洋巨浪打向沙灘或粉紅色岩洞，海邊的漁人修補著漁網，乘著曲線奇特的漁船出海，船身通常會彩繪上一隻眼睛，據信可以幫助漁船找到魚群。波多港（Porto）（波特酒就是以此命名）熱鬧活絡，船隻滿載著一桶桶這款滋補的佳釀，而里斯本滿是砌上藍色與黃色瓷磚的美麗房屋，和一座壯麗的馬車博物館，收藏精美的王室金馬車、蘭道馬車（landaus）、敞篷馬車、有蓋馬車和各種轎子。但我喜歡葡萄牙鄉村，灰泥粉刷的小屋通常聳立著醒目的風車房，四周圍繞著軟木林。

　　在最南端，有一座這類的漁村，假使漁獲量格外豐盛的話，他們會舉辦一種半夜漁宴，或沙丁魚豐收祭。金槍魚和沙丁魚是最大宗的漁獲。戴紅色流蘇帽的瞭

望員一見漁船隊駛近的燈光，便會呼叫村民。一整村的
人奔向海灘迎接船隊，幫忙把漁船拖曳上岸。隨後就著
火把或油燈的光，漁獲當場進行拍賣。從城裡或國外市
場來的買家在敵對較勁的緊繃氣氛下，相互出價競標，
一成交就立刻裝箱堆到貨車上，快速運往最近的火車站
（有些在十一哩外），夜間快車等在那裡裝載漁貨。與此
同時，海灘上一場輝煌的豐收祭也已熱鬧展開。人人圍
聚在巨大篝火周圍，燒烤（串在小棍子上）剩下來的沙
丁魚。客棧主人發送酒，一位老婦帶來一大籃麵包。當
我們吃吃喝喝，有人彈起吉他，大伙兒唱起傳統的法多
（fados）悲歌，那些淒美的歌曲帶有近乎東方或土耳其
的憂鬱曲調，令人想起吉普賽音樂比較軟調的那一面。
我們當時吃的新鮮沙丁魚，不是做成罐頭的那種沙丁

魚，但是我現在看到沙丁魚罐頭，沒有一次不想起在葡萄牙海灘上那些通宵達旦的盛宴。

　　葡萄牙料理和西班牙有幾分類似：柳橙、檸檬和核桃都很廉價，魚類則是最主要的。魚湯，還有肉質堅實的鱈魚或鮪魚，通常都會配著飯吃。里斯本附近的辛特拉（Cintra）有一間小旅館，供應一道簡單又可口的前菜。辛特拉以美麗享譽，有句老諺語說：「看盡全世界卻沒見識過辛特拉，等於蒙著眼睛旅行。」

4人份 🔟（MF）

4大顆檸檬

¾杯熟魚肉或罐頭魚肉

2大匙美乃滋

1小匙檸檬汁

1顆雞蛋，水煮

小蘿蔔或水田芥

　　取4大顆檸檬，切對半，擠出汁液，挖出果肉。取罐頭鮭魚或吃剩的熟魚肉；確認肉裡沒有魚刺後，跟美乃滋和檸檬汁混勻。將魚肉泥填入切半的檸檬皮內，填好後在肉泥表面撒上切碎的水煮蛋。假使你用沙丁魚做餡料，別加美乃滋，會太濃厚了。

　　鑲餡檸檬上桌前，先把圓圓的底部切掉，好讓它像蛋杯一樣可以穩當地立起來。在周圍點綴小蘿蔔或沙拉嫩葉。水田芥甚至比萵苣要對味。配著抹上奶油的黑麵包吃。下一道來自辛特拉的前菜也很美味。

葡萄牙

葡萄牙風味蛋
Portuguese Eggs

🍴（E）

4大顆番茄

4顆雞蛋

¼杯麵包屑

奶油

鹽和胡椒

荷蘭芹

　　挑選非常大顆又硬挺的番茄，全都切掉頂部，挖出中央的果肉，每顆番茄都小心地各打1顆蛋進去。小心別把蛋黃弄破。加鹽和胡椒調味，再撒上麵包屑和切碎

的荷蘭芹以及一點點奶油。把番茄盅放進抹了油的耐火焗烤盤，送入中火的烤箱烤約15分鐘，烤到雞蛋凝固。番茄要挑熟成的，這很重要，否則烤好後番茄會硬硬的像是沒熟。反過來說，假使你挑的番茄過熟，烤得時候會爆裂，因此要物色熟得恰恰好的。配著起司醬吃（參見頁268）。

義大利

義大利燉飯
Risotto

用來做義大利燉飯（*Risotto*）的米粒必須是圓短的梗米，像是阿勃瑞歐米（Arborio rice）；而做抓飯（*pilaff*）的米，要用巴特納米（Patna rice）或米粒細長的和米口感最好（參見頁162）。這兩種煮飯的方式天差地別。抓飯的口感乾而鬆軟，義大利燉飯則口感綿滑、接近軟黏。這是義大利絕妙的特產，如同義大利麵或起司通心粉。

燉飯可以加小片火腿、雞肝或蘑菇，或者只加起司絲。我最愛的起司燉飯是在北義大利吃到的，波隆納以出色的料理聞名，那裡還有各種味美的香腸。

波隆納，就如卡爾杜奇（Giosuè Carducci）[16]形容的，「陰暗、高塔林立的波隆納」，冬季極其冷冽，很多街道都是拱廊，為路人遮蔽雨雪寒風，夏季時則遮擋驕陽。由默劇演員、舞者、歌手和樂手組成的第一個表演團體也是在波隆納發跡，他們後來成了舉世聞名的哈樂昆（Harlequin）和柯倫賓（Columbine）、小丑（Clown）和傻老頭（Pantaloon）。想像一下，這貧窮但快活的小團體，表演後洗淨臉上粉墨，脫掉面具、身上的亮片和俗豔的戲服，沿著陰暗但通風的拱廊街，匆匆來到一家小館子（*trattoria*）或客棧，大夥一道吃晚餐，也許和著吉他伴奏練唱一首新曲子，就好比今天你會看見某巡迴劇團在小酒館吃著遲來的晚餐，熱切討論當天演出的優劣。這些義大利樂手，以及任何十八世紀知名的即興喜劇（*Commedia dell'arte*）演出團體，大抵會吃著燉飯，喝廉價紅酒。以下是帕馬森燉飯的作法，也就是加了帕馬森起司的義大利燉飯。

4人份 ⑪（MISC.）

1大顆洋蔥

2大匙奶油

---

[16] 1835-1907，義大利詩人，1906年獲得諾貝爾文學獎。

1¼杯阿勃瑞歐米

1小匙番紅花粉

750毫升（2½杯）清雞湯或法式清湯

奶油

帕瑪森起司，刨絲

熟火腿或蘑菇（隨意）

　　用1大匙奶油起油鍋將切碎的大顆洋蔥微煎過，加入阿勃瑞歐米（不必洗米）。轉至微火，再加1大匙奶油進去。當米粒吸飽了油脂，加½小匙番紅花粉進去，這會讓米飯呈現亮黃色，並增添鮮味。接著注入300毫升（1杯）清雞湯或法式清湯，袋裝或罐頭的都能做得很可口，雖然加任何肉汁清湯也都可以。蓋上鍋蓋，以極小的文火煮至湯汁都被米粒吸收。接著再加150毫升（½杯）的高湯，等這些湯汁又盡數被吸收，再加150毫升（½杯），如此下來，煮1¼杯米總共會用到大約2½杯高湯。每一次注入高湯，就用木匙攪拌攪拌，但拌的時候要小心，別把米粒擠壓破裂。等湯汁一滴不留，燉飯就可以起鍋了。把飯盛到大碗裡，撒一些奶油丁，和大量的帕馬森起司絲；可能的話，拌入些許瘦的熟火腿或蘑菇，蘑菇要先切成四瓣煎個大約10分鐘。

那不勒斯

魚醬義大利麵

Fish Sauce for Spaghetti

　　所有人都會告訴你，義大利麵條是最簡單的料理，你只要按照包裝上的說明去做就對了。用番茄泥調製醬汁也很簡單，製作搭配麵條的肉醬也一樣不難。但你可知道義大利人有時會做魚醬來拌麵？這是那不勒斯人的作法。在圍繞著港灣高聳的粉紅色黃色屋宇之間，峽谷般的窄巷上方總是晾著洗好的衣服像萬國旗似的，當風越過海灣吹來，塞得滿滿的房間裡總會蒙上一層細灰，而海灣另一端的維蘇威火山咕噥咕噥冒著煙，有時還會噴出火來。沒有人去想，假使火山有天爆發，會帶來什麼毀滅性的破壞；他們照舊過生活，歡笑、打鬧和唱歌。那不勒斯人在各種場合唱歌跳舞彈吉他，依舊跳著諸如塔朗泰拉（*tarantella*）這類傳統舞蹈——雖然現在更流行美國搖擺舞。魚醬作法如下。

4人份 🍝（MF）

150毫升（½杯）植物油

1大粒蒜瓣

1大匙奶油

1罐鯷魚罐頭

3顆水煮蛋的蛋黃

1小撮胡椒

½杯荷蘭芹碎末

½顆檸檬的汁液

植物油（這道料理你可以用橄欖油）下鍋，把整瓣大蒜放在油裡壓碎，接著加奶油進去，以小火加熱2至3分鐘。接著倒入小罐頭的鯷魚，連同油汁一併進去。用木匙把鯷魚在油裡壓成泥；魚肉搗壓成細泥後，放入水煮蛋的蛋黃，同樣搗壓成泥。加大量的黑胡椒和新鮮的荷蘭芹碎末，再煮個1分鐘，隨後鍋子離火，注入½顆檸檬的汁液即成。這當然要趁熱吃，拌上義大利麵條、其他麵條或通心粉。

西西里

杏仁糕
Frangipani

　　西西里大部分是光禿禿的岩石地，以及火山峰和一些橘色樹叢。西西里人靠捕魚和少量的農產維生，鮮有娛樂。現在也許有幾家電影院，不過我待在那裡時，還沒有那類設施。居民喜歡在貨車上彩繪風景、美人魚和怪獸、花卉蔬果當裝飾。那裡有令人興奮的一大消遣——傀儡劇院——皮科里劇院（Teatro dei Piccoli）。懸絲傀儡戲有好幾世紀的歷史，同樣的人物，不變的故事。同一個家族經營這項事業，世代相傳一脈相承，學習拉線操縱的技術，模仿不同的嗓音，為反派角色配上男低音，為巾幗英雄配上女高音。傀儡木偶體型巨大，通常幾乎大到一名真人的大小，還穿上了華美戲服；騎士穿戴金色盔甲，公主戴珠寶王冠和絲絨禮服。故事人物總是飽受磨難歷盡滄桑，最後苦盡甘來，這時觀眾才帶著完美結局湧入光線晦暗的石灰街道，回家就寢。在回家的路上，他們往往會彎進一家小館子，吃一種格外濃郁的栗子蛋糕，喝一杯紅酒或咖啡，當作宵夜。

　　一回看完表演，我受邀與傀儡木偶的老闆奎塞比老爹一同宵夜，我感到莫大的榮幸。我們坐在後台，置身

在牽線木偶及其糾結的拉線和蒙塵的絲絨服裝之間。奎
塞比老爹正修補著一把錫劍,劍在台上一場激烈打鬥中
折彎了。他的女兒湯瑪西娜正在加熱捲髮棒,打算燙捲
皇后的金色長假髮。他們一面幹活兒一面唱著西西里歌
劇《鄉村騎士》的曲子。那是關於西西里村民的故事,
為全世界所熟知並喜愛,不光是西西里人。另一位家族
成員亞歷山德羅遞給我一杯紅酒和切成小方塊、帶點異
國風味的甜點,說是杏仁糕(*Frangipani*),就在此時,
他的曾祖母這位非常老邁的婦人,原本在角落裡打盹,
突然間醒過來,開口說那是她親手做的。她的作法如
下:

4人份 ⑪(D)

3顆雞蛋

3大匙麵粉

600毫升（2杯）牛奶

5大匙糖粉

5大匙杏仁粉

　　雞蛋打散，將麵粉和少許冰牛奶混合後加入雞蛋糊裡，仔細地攪拌均勻。接著再注入牛奶，放進隔水加熱鍋加熱，要不時攪拌。小火煮15分鐘，這期間一點一點地把糖粉和等量的杏仁粉加進去。當整個變得稠而滑順時，離火並倒入一只扁平的烤盤裡。徹底放涼，然後切成小方塊，像土耳其軟糖那樣。

薩丁尼亞

薩丁尼亞波菜可樂餅
Sardinian Spinach

　　我對薩丁尼亞最鮮明的記憶，是在地品種的驢，體型非常小，像大型的狗；這些乳白色的傢伙拉著小車斗在巷弄間快步走，車斗上裝滿了木柴，或魚、或蔬菜、或其他當地商品。牠們毛茸茸的耳朵顯得巨大，而蹄子非常小巧又勻稱。在潮濕的天氣裡薩丁尼亞會令人不

快，就跟基本上都是陽光普照因此完全沒有應付濕冷裝備的其他地中海國家一樣（濕和冷同樣會在冬季讓人感到抑鬱）。白色海霧鋪天蓋地而來，遮蔽了迷人的卡利亞里灣（Gulf of Cagliari）景致，去除一切色彩，而狂風從密合不佳的門底下滲入，它們在接近人類居住地時轉成了氣流。橄欖樹林在雨中緩緩地滴水；泥濘迅速加深。火煙四起，因為村裡的店鋪蠟燭都短缺。除了吃喝拉撒睡，無事可做，確實啥事都做不了，只能等待放晴。突然間，陽光再度迸射，光輝耀眼，讓一切恢復生機，又令人安心，我們忘卻了過往的不適。我們爬上山丘，來到刷成粉紅色的村莊，點了午餐。所剩不多，店主人說，肉販一整個禮拜歇業，漁獲也很少，羊奶起司－酒－歐姆蛋？好的，那也很好。我們坐在陽台上，在發黃的葡萄藤蔓下沐浴著陽光。不久店主人端來食物，和額外的一道菜，波菜拌飯，是剩菜，他帶著歉意說，但他沒必要那麼客氣，因為那菜飯好吃極了。

4人份 ⑪（MISC.）

3杯熟菠菜，切細碎

1杯米飯

鹽和胡椒（適量）

2顆雞蛋

2或3大匙起司絲

2大匙融化的奶油

麵粉

4-6大匙油

　　將煮過的菠菜切細碎，跟米飯混勻，加鹽和胡椒調味。加入打散的蛋、2或3大匙起司絲和融化的奶油，攪拌均勻並將菜飯捏成扁圓的肉餅狀（他們管它叫可樂餅〔croquette〕）。將可樂餅稍微敷上一層麵粉，以4-6大匙油起油鍋，開始煎可樂餅，每面約煎2或3分鐘，煎至呈現金黃色。用煎鏟小心翻面。吃的時候不妨配上菊苣沙拉，以及加了糖、油和檸檬的淋醬（參見頁42）的柳橙薄片。

巴爾幹半島

土耳其

烤茄子鑲菜
Imam Bäildi

　　西方有個古怪觀念，認為東方或近東料理並不養
生。這其實錯得離譜。除了一些非常甜膩的甜點之外，
它們的料理甚至不算油膩。烤肉、米飯、蔬菜和優格
——這些是土耳其料理的基本。其兩大菜色為鑲蔬菜
（*dolma*）和串燒（*shish kebab*，串在叉子上燒烤的肉）。
它們的各種變化菜式遍及近東和中東，從俄羅斯南部高
加索山區到埃及。別忘了，土耳其料理被視為世界基本
菜系之一，與法國料理、中國料理和義大利料理齊名。
據說世上其他料理都源起於這幾大菜系。也別忘了，正
是土耳其人圍攻維也納期間，首度引進咖啡館或可以喝
到咖啡的餐館，使得維也納在幾世紀後馳名遐邇。

　　在所有的土耳其料理當中（除了咖啡及大量外銷
廣為人知的東方甜點「土耳其軟糖」〔*Rabout Lokoum*〕
以外）最受歡迎的大概就是烤茄子鑲菜（*Imam Bäildi*）
了，土耳其字意為伊斯蘭的領拜人伊瑪目（*Imam*）昏
厥過去。何以如此？因為端出這道菜餚的自豪主人非常
講究作工執著於完美，其美味徹底擄獲坐上賓的味蕾。
但我們不知道那賓客是在吃這道菜之前還是之後昏倒，

是等得太興奮還是吃得太撐。大體上我發現土耳其人的胃口都很大。俯瞰馬爾馬拉海（Marmora）的伊斯坦堡那一區很少有觀光客，有家小館子常有漁夫痛快吃著，目不轉睛盯著一群隨著亞洲樂隊伴奏跳肚皮舞扭腰擺臀的女人發愣。光是開胃菜已經擺滿一整桌，形形色色的各道佳餚本身已經是一餐的量了。上回我在伊斯坦堡，曾在夏日清晨的陽光中越過博斯普魯斯海峽來到另一頭與朋友共進早餐，朋友在貝勒貝伊（Beylerbeyi）有一棟水岸邊的雅驪（yali），也就是避暑別墅。這座土耳其洛可可風的小亭閣裡擺滿了豐盛的早餐，就像我在英國萊斯特郡（Leicestershire）見識過的那種在打獵之前大吃一頓的家宴；這讓我跟伊瑪目一樣暈了。徐徐東升的燦爛旭日至少把三種肉品抹上了金色，還有魚肉、蛋類、起司，一堆蛋糕和點心、水果以及照例會有的一杯杯茶，從噗噗作響的銅壺茶炊（samovar）裡一再斟滿。

　　在下方，水流拍打著棧橋的台階，漆上藍色的大帆船緩緩離開繫泊處，逆流往黑海駛去，展開一天的捕魚作業，船員們一面啟程一面高歌。我們會凝視著他們，直至他們的身影消失在亞洲甘泉（the Sweet Waters of Asia）[1]……在亞洲吃早餐！聽來多麼富有異國情調——

---

[1] 鄂圖曼土耳其帝國時代，人們常在現今伊斯坦堡屬於亞洲這一頭的河流綠地賞景，並將這裡的河水充滿感性地稱為「亞洲甘泉」。

的確，但是要花上一整天時間才能消耗掉開頭的這一頓飽餐。

　　至於注定會收服伊瑪目的那道菜餚，講得白一點就是茄子鑲菜（你也可以用葫蘆科蔬菜代替）。

6人份 ⑪（Ｖ）

3條大小適中的茄子

鹽和胡椒（適量）

150毫升（½杯）橄欖油

4大顆洋蔥

225毫升（¾杯）水

6小匙番茄泥

½杯麵包屑

½小匙鹽

1小撮胡椒

½小匙咖哩粉

2大匙橄欖油

1大匙松子或者杏仁或花生碎片

荷蘭芹碎末

黑橄欖，去核

　　挑選大小適中的茄子，6人份用3條茄子。把茄子

投入滾水中，加蓋煮15分鐘。撈出後放入冷水中浸泡3分鐘。接著取出縱切對半。用一把湯匙挖出茄心的肉，留下大約1.25公分（½吋）厚的外層皮肉，然後置於焗烤盤裡，撒上鹽和胡椒，再淋上150毫升（½杯）橄欖油，移入中火的烤箱烤約30分鐘。趁烤茄子的同時準備鑲入的餡料。

餡料部分，先把挖出的茄肉切碎。取4大顆洋蔥切細碎後水煮，水量只要很少，大約225毫升（¾杯）即可。等洋蔥丁變軟（煮8-10分鐘），把番茄泥（或者用新鮮番茄水煮，就按照煮洋蔥的方式）、麵包屑和茄肉泥都倒進去，混合在一起。接著加½小匙鹽、1小撮胡椒、½小匙咖哩粉及2大匙橄欖油（和1大匙松子，假使你有的話）。攪拌均勻，然後倒進煎鍋內，小火慢煮大約20分鐘。這時，小心地把茄子外層皮肉從烤箱取出，它看起來應該很硬挺，形狀似一葉扁舟。把餡料填入內，淋上煮餡料時鍋裡剩下的油汁，再撒一些荷蘭芹末，喜歡的話加幾顆去核黑橄欖。讓茄子鑲菜慢慢變涼，但千萬別放進冰箱裡冷卻。等幾個鐘頭後定型了再吃滋味最棒，不過也可以一煮好就趁熱吃。

我料想伊瑪目享用茄子鑲菜後，會喝一小杯土耳其咖啡、些許士麥那（Smyrna）產的無花果乾，和一塊土耳其軟糖，也許會再吃一些果仁蜜餅（*baklava*），那是

含有核果和蜂蜜的甜點。而且我敢說，他也會再來一點被稱為「美人唇」的那些小糕點，糕點形狀像雙唇，油炸後裹上糖漿。如此飽餐一頓，他會昏倒我一點也不訝異。

土耳其

玫瑰花瓣醬
Rose-Leaf Jam

　　整個近東和巴爾幹半島都會製作和享用這款精緻甜品。少數比較想做生意的雜貨商會進貨，一般來說並不容易買到，因此我提供我在土耳其取得的一份老食譜，在土耳其，種植玫瑰不僅為了製作香水，也用來做果

醬。做成的果醬搭配優格最棒，僅需一點點用量即可，因為它分外甜膩。優格配玫瑰花瓣醬是一款傳統的迎賓小點，據說是因為它過度的甜膩會讓人口渴，想必主人就有理由拿出上好的酒來為賓客解渴。

🍷（MISC.）

3杯玫瑰花瓣

3杯白糖

1大匙檸檬汁

1杯玫瑰水

　　挑選最優質的紅玫瑰或粉紅玫瑰。確認花瓣上沒有小昆蟲。量取時，把花瓣往杯裡塞得密實。取一口大缽，把白糖、玫瑰水（取自藥房）和檸檬汁放入混合。待糖盡數溶解，把汁液混進玫瑰花瓣裡，然後讓它立在「正午的陽光下」，我是這麼被告知的。要不然，則置於爐灶後方，別直接置於火源上方，直到它化為黏糊糊的果醬。繼而把果醬倒入一口平底深鍋，以極小的微火煮半小時，須一直攪拌，因為它很容易燒焦。待花瓣變透明，或者融化，離火放涼，然後倒到小玻璃瓶裡蓋上蓋子。假使你放冰箱保存，在享用的前一小時從冰箱取出，讓它在室溫下回溫。

羅馬尼亞

窮人魚子醬
Poor Man's Caviar

　　歐洲大河之一的多瑙河，注入黑海之前流經好幾個不同的國家。它穿過維也納，當地人稱之為藍色多瑙河，雖然在我看來它總像泥濘的灰水。當它流到「鐵門」（the Iron Gates）這個禦守羅馬尼亞門戶的岩石峽道時，河水呈深綠色；然而它流到了三角洲地區的國家開始變寬時，又變成流勢緩慢的泱泱大水，讓人想起密西西比河，黃濁流域的兩岸盡是沙洲和一望無際的大草原，杳無人跡。在黑海──它確實是黑墨色，但之所以被稱為黑海，除了色調外還有它變化莫測的本質──沿岸的維爾科沃（Vylkove），多瑙河在此併入鹹水潟湖，很像熱帶國家的紅樹林沼澤地。此地漁夫靠出產魚子醬維生，這稀有昂貴的珍饈出口全世界，但只有富人買得起。魚子醬本來是俄國特產，最上等的是產自裏海的貝魯迦鱘魚（*Beluga*）。我一位俄羅斯朋友在很年輕時便離開國家，由於時值俄國大革命她走得倉促，留下所有的家當，但設法帶走了她最愛的一把舀魚子醬的純金小湯匙，保存了好多年。後來因為生活困頓，她不得已只好把它賣掉。而今所幸她又能不時享用魚子醬，但她卻

告訴我，自從不再用那把金湯匙舀魚子醬吃之後，不知怎的滋味跟從前大不相同了。

我也有一些機會以特殊方式——也就是說，大量地——吃魚子醬。我們被派駐保加利亞首都索菲亞（Sofia）期間，大戰剛結束，俄羅斯將官們常舉辦華麗盛宴，席上供應大盆裝的魚子醬——最頂級的貝魯迦鱘魚。我曾感受過一頭栽入如此的奢華之中：伏特加酒川流不息，接著便是舞蹈，哥薩克人（Cossacks）活力盎然地不停跳躍，大跳戈帕克舞（gopak），還有各式各樣踩踏、狂放的舞步，以及在俄羅斯血液裡流動的歡快韻律。我記得我試著教幾位哥薩克軍官跳卡佛利舞（Sir Roger de Coverley），他們把它改編成他們自己的那種火烈舞（furiant），這還真是甩開吃過飽後果的絕佳辦法。

維爾科沃產的魚子醬品質確實上乘，簡直是精品。漁夫必須辛勤捕撈巨大的鱘魚，而鱘魚卵正是我們所知的魚子醬，但是他們卻窮得吃不起魚子。魚卵從魚腹取出後，就著潮水大略清洗過，再用鹽醃漬，裝進錫罐裡，置於冰塊上冰鎮（那裡沒有冰箱），然後盡快送上火車。在夏天，名為多布羅加（Dobrudja）的羅馬尼亞這一帶熱浪猛烈，然而到了冬季偶爾有暴風雪，狼群在四面嗥叫。這情景我親眼見識過也親耳聽過。

到了夏天，維爾科沃漁夫忙完一整天，會和家人坐

在木屋外，圍繞小花園的白色籬笆旁，林立著巨大的向日葵，一條溪流或運河從門前流過，那裡的水道比馬路還多。他們就著提燈的光線享用簡單的晚餐。在黑暗中，你會聽見他們唱著狂野奇妙的歌曲，帶有部分吉普賽風格，你一旦聽過便難以忘懷，而且終生縈繞不去。

羅馬尼亞食物滋味絕妙，有很多獨特菜餚，譬如用番紅花料理的小龍蝦；名為米提提（*mitite*）的肉腸料理；以及馬馬利加（*mamaliga*）（一種像麵糊又像蛋糕的玉米粥）。但大多數人吃得非常簡單：黑麵包、大蒜、蔬菜和巴爾幹半島到處栽種的大西瓜，還有按俄羅斯習慣用茶炊煮出來、以玻璃杯飲用的熱茶。他們的代表食物之一是用茄子做的，名為窮人魚子醬，幾可亂真。不論如何，非常美味。

4人份 🍽️（S）

2大條茄子

4大匙油

2大匙檸檬汁（或醋）

½小匙鹽

胡椒和紅椒粉

1大顆洋蔥，切碎

　　取2大條茄子，放入高溫的烤箱烤到軟。烘烤的時間端看茄子大小而定，差不多至少要45分鐘。（你也可以把茄子用水煮到軟，我偏好用烤箱烤。）將茄子皮剝掉，把茄肉搗爛，加入油、檸檬汁或醋、鹽以及些許胡椒和紅椒粉，用叉子來回畫圈，徹底碾壓成質地滑順的細泥。

　　細茄泥做好後，將大顆生洋蔥切得非常細，再剁成碎末，拌入確實放涼的茄泥中。如此，窮人魚子醬便大功告成──且滋味棒得連富人也愛。當成沙拉來吃，配黑麥麵包或全麥麵包和奶油，也許佐上原味的水田芥和番茄切片。有了這一味，美乃滋也顯得多餘了。

　　我認為夏夜的美好一餐會是法式清湯凍、窮人魚子醬配黑麥麵包抹奶油，以及些許起司。最後再來一點西瓜，撒上糖粉和薑粉。你也許還會喝一杯土耳其咖啡來圓滿結束這一餐。

布加勒斯特

洋蔥鑲餡
Stuffed Onions

這道腰子洋蔥料理，我是在布加勒斯特的市場旁，一家燈火通明的嘈雜小餐館嘗到的。市場裡的攤子似乎從不打烊（以此看來，布加勒斯特簡直是不夜城），吉普賽人招搖賣弄，美豔卻蠻橫，激烈地拉奏小提琴，並以同樣激烈的手段逼迫可憐的表演熊為幾分錢笨重地跳舞。更多的吉普賽人蹲踞路邊販售大束鮮花和織毯，那是知名的比薩拉比亞風格的歐比松掛毯（*Bessarabian Aubusson*），不但鮮豔還綴上了鮮花，就跟吉普賽的編織籃一樣。我這輩子一直想要有這種織毯，終於在這裡遇見，卻還要面對通貨膨脹、匯兌、貶值的問題⋯⋯在那當下，沒有人算得出它究竟值多少列伊（*Lei*，羅馬尼亞貨幣單位）。一席掛毯吉普賽人開價幾百萬列伊，但一英鎊值一百萬、兩百萬還是三百萬列伊？他們開出的是天價，還是半賣半相送？沒有人能看透這種複雜性。菜單也夠讓人頭大，因此我氣餒地進到餐館廚房，一位說法語的廚子讓我參觀幫傭幹活——這裡也有吉普賽人，他們閃亮的銳利雙眸從後院往屋內探，後院裡有人在拔禽類的毛，或在水泵旁去除魚內臟。就如整個布

加勒斯特一樣，這裡到處瀰漫著令人頭暈的香水味，其中混雜著昂貴法國香氛和在地廉價香精、髮油以及化妝品的味道——這是一大群在夜間營生的人最鮮明的特色——壓過了從爐灶飄來的陣陣氣味。就像法國南方飄散濃濃的大蒜氣味，大蒜對消化很有益，交際應酬無所不在，初來乍到的人立時可知這土地的精粹所在；同樣到了布加勒斯特這裡，漫天蓋地的是一股令人發暈的香水味，不僅行經身邊的魅惑女人散發香氣，連佩帶大量徽章的端正軍官、車夫和警察也是；個個浸淫在麝香、廣藿香和帕爾馬紫羅蘭（*violette de parme*）的香氣裡。廚子用散發玫瑰精油香氣的手帕擦拭了額頭，還給了我幾道食譜，其中就是這道腰子洋蔥。

4人份 ⑩（MISC.）

4大顆洋蔥

4付羔羊腰子，切碎

鹽和胡椒

4粒丁香

肉豆蔻

4小撮綜合風乾香草

4小塊奶油

4小匙橄欖油

荷蘭芹碎末

挑選特大顆的洋蔥——盡可能挑最大顆的。剝皮後投入滾水中加蓋煮至少20分鐘。撈出後，小心地挖出蕊心的肉，留大約½吋厚的殼；再將切成小丁的羔羊腰子填進去（1顆洋蔥填入1付腰子的量）。每顆洋蔥撒上鹽和胡椒、1粒丁香、些許荷蘭芹碎末、1大撮肉豆蔻及1小撮綜合風乾香草。每顆洋蔥頂端都放上1小塊奶油。將洋蔥立在塗抹了油的焗烤盤上；選小一點的烤盤，讓每顆洋蔥緊密地擠靠在一起，這樣洋蔥才不會倒塌。再把1小匙橄欖油淋在每顆洋蔥上，同時再次撒一些鹽和胡椒；將焗烤盤蓋上蓋子，移入中火的烤箱烤¾小時，或烤到完熟。我會建議額外配上香酥麵包丁。

阿爾巴尼亞

土匪的心頭好
Bandit's Joy

（簡單說就是蜂蜜馬鈴薯）

我得承認，我曾跟一位土匪交好，他當時避居巴爾幹半島上馬其頓地區西部山間。他行徑惡劣，遭警方和

軍方追捕，所以再也無法下山回到家人居住的村子裡。我認識他姐姐，她以前常帶我到山上的藏匿處找他，為他的槍枝送彈藥去——對此，我們但願他只射殺野兔或當作休閒。他長相俊俏，總是精心打扮。他理了個大光頭，卻蓄著濃密烏黑的八字鬍，頭戴大多數阿爾巴尼亞人都會戴的白氈帽，至少穿三件刺繡外套，腰帶插著幾把刀，長褲帶有流蘇，罩著一襲蓬毛的羊皮大氅。他隨身帶著一把來福槍，對此顯得很自豪，槍管上纏著一串亮藍色珠子，在近東地區這種珠串通常會掛在馬的挽具上，據悉能避邪。他名叫薩爾科，姊弟倆見面時總會喜極而泣，繼而開始談政治，總聊得火冒三丈。有時我說動他們告訴我阿爾巴尼亞和宿敵土耳其人

之間歷來的交戰故事，或者邊界各路突襲隊之間的夙怨。巴爾幹半島曾經充斥著亂黨匪幫，譬如帕利喀爾族（the Pallikares）、巴什波祖克（Bashi-Bazouks）、科米塔吉族（the Comitadjis）、司科雷屬族（the Skreli）或米利迪惕族（the Miriditi），很多都住在「被詛咒的山脈」（the Mountains of the Accursed）。這一切聽起來很聳動，但那部分的世界正是如此。

　　薩爾科的姊姊有時會帶一道她親手做的料理上山，那是他愛吃的食物。這麼一個凶神惡煞的人居然會喜歡吃蜂蜜和馬鈴薯做成的東西似乎很怪。她的作法如下：

4人份 🍴（∨）

4大顆地瓜或馬鈴薯

4大匙奶油

肉豆蔻粉

150毫升（½杯）蜂蜜

½顆檸檬的汁液

　　馬鈴薯要先煮至半熟，也就是說，用水快煮約10分鐘。撈出後削皮切成厚片。接著下鍋用奶油煎至金黃色，起鍋後撒上肉豆蔻粉，沾溫熱的蜂蜜吃（我記得馬其頓蜂蜜呈濃厚的深綠色），蜂蜜要拌上½顆檸檬的汁液。

保加利亞

米布丁
Sutlijash

　　也許保加利亞最遠近馳名的事，就是它供應了全世界大部分的玫瑰精油，那最為動人的香氣無比珍貴，僅需一滴便足以構成其他很多香水的基調。栽種花朵的山谷就是知名的玫瑰谷（Rose Valley）：約有二十哩寬，將近一百哩長，當你驅車駛向谷地，遠遠地就會聞到風中飄逸著芬芳甜美的玫瑰花香。於是你從洛多皮山脈（Rhodope Mountains）的丘陵地帶一路下行，突然間聞名的玫瑰谷的粉紅霧靄頓時在你眼前延展。六月上旬，採摘玫瑰的工人整日幹活，從黎明到黃昏，把玫瑰花瓣放入大麻布袋中，再把麻布袋運到小城卡贊勒克（Kazanluk）的蒸餾廠，疲累的採摘工就在小城的核桃樹綠蔭下吃晚餐。那情景如此動人，當我憶起那些傍晚，就像查拉圖斯特拉（Zarathustra）[2]，一到日落時分便不禁悲從中來。保加利亞的一道傳統料理 *Sutlijash*，差不多就是我們說的米布丁，我認為他們的作法很讚。

---

[2] 古波斯祆教創始人。

4人份 ▥（D）

1杯米

600毫升（2杯）牛奶

2大匙白糖

300毫升（1杯）酸奶油

1小匙香草精

櫻桃果醬（隨意）

　　假使你有剩飯，這倒是消耗它的方法。若沒有，則用牛奶煮飯，煮的時候加1大匙白糖進去。約煮20分鐘，濾掉牛奶，把米飯放涼。接著把飯加酸奶油一起打勻，再拌入另1大匙糖和1小匙香草精。攪拌至米飯濃郁綿密，並等它徹底冷卻後，配著果醬吃，或者單獨吃。我認識的保加利亞人吃米布丁會配上幾小匙的玫瑰花瓣醬，但配上櫻桃果醬滋味也一樣好。

保加利亞

優格湯
Tarator

　　在南斯拉夫、羅馬尼亞、保加利亞、阿爾巴尼亞和希臘這幾個巴爾幹半島國家，優格是一大特色。加上麵包、洋蔥和橄欖，你就有了巴爾幹人主要的飲食。優格是一種酸奶，若要自製，手續繁複，今天大多數的乳品店都買得到。優格是世上最美味又養生的食物之一。巴爾幹半島有很多百歲人瑞，而且身體硬朗、活動力又強，他們總會告訴你，長壽的祕訣是吃很多優格。優格有很多吃法，做成佐肉類的醬，也可以配果醬或水果當成甜點。優格的種類有很多，最優質的是用羊奶做的，而不是用牛奶做的。巴爾幹人喜歡配一塊麵包吃，就這樣，沒別的，因此他們可以真正嘗到優格的微妙滋味，就像在近東地區，純粹的水，被視為無上的享受，這口井或那處水源的細微差異被拿出來討論，彷彿是有年份的葡萄酒一般。以尼羅河水來說，我想是1821年份的仍被視為紀念性的釀飲。[3]保加利亞人把優格當成一道

3　1821年埃及的穆罕默德・阿里王朝征服了蘇丹尼羅河沿岸大部分的部落。

冷湯。

4人份 ⑪（S）

2或3條小黃瓜

滿滿1小匙鹽

4罐優格

鹽和胡椒（適量）

1粒蒜瓣

核桃碎粒

　　將小黃瓜削皮，切成適中的厚度，約6釐米（¼吋）厚。（不要切成做三明治的那種薄片。）切好後置入碗裡，撒上大量的鹽，大約滿滿1小匙，讓黃瓜片出水。一整碗黃瓜片放冰箱冷藏，吃之前再取出。接下來，把優格全數倒入一口大盆裡（或者一人一碗），加鹽和胡椒調味。把大粒蒜瓣切成細末，撒進優格中拌勻。此時從冰箱取出黃瓜片，將水瀝乾，再拌入優格中。上桌前取幾片黃瓜片點綴湯的表面，讓它看起來冰涼可口又翠綠。最後撒上核桃碎粒，趁冰涼之際馬上享用。

南斯拉夫

甘藍菜卷
Sarma

　　南斯拉夫如同保加利亞有兩種氣候、兩種宗教和兩種菜系，東西合璧。土耳其人占據這兩個國家達五世紀之久，帶來了東方菜餚及東方生活方式。大多數的村莊除了斯拉夫式東正教堂之外，仍有為穆斯林而建的清真寺。這裡冬天有雪和雪橇──像俄羅斯的凜冬酷寒；夏天則乾燥灼熱，往往熱得像印度。保加利亞和南斯拉夫的一道典型菜色是甘藍菜卷（*Sarma*），在俄羅斯這相同食物叫做莫斯科鴿子。

　　我是跟我摯愛難忘的保加利亞女傭蕊娜學做這道菜的。只要她心情好，就像天使在下廚；當她壞情緒一來，什麼東西都可能端上桌。她是馬其頓出身，來自靠近南斯拉夫邊界的一個小村子，邊境兩側相互鄙視，造成那一帶居民總是情緒激昂。我住在索菲亞期間，政治局勢一度緊繃對立。巴爾幹半島的政治我不會裝懂，但我們已經很習慣蕊娜揮刀衝進房裡，比手畫腳地說，要是讓她捉到塞爾維亞人，她會怎麼還以顏色。當寒風從北方呼嘯而來，她會朝南斯拉夫方向望著白雪覆頂的山峰……「塞爾維亞天氣！」她會不屑地這麼說，彷彿對

著惡魔本身口出惡言。但是對於心中有愛的人很多事都可以原諒（政治除外）。蕊娜是心中有愛的人。她習慣打赤腳在廚房走動，頭上紮著鮮豔頭巾，手腳勤快從不嫌累（儘管她一天工作十八個鐘頭，在我家之外也要在她自己家裡忙活）。廚房裡總擠滿她的親友，隨意取用我們餐櫃裡的東西。她會從擀麵板上方探過身子，對她的小孩摑巴掌，有時候沒有明顯的理由。「只是要教訓他們不准動歪腦筋。」她會這麼說，憐愛地對著被糾正的娃兒眉開眼笑。

當她把自己搞得很難堪時，總是懂得用甜言蜜語討回我的歡心。她會到充斥著散亂小泥屋和焊鍋匠小攤的吉普賽人營地馬哈拉（Mahalla），帶個吉普賽人回來替我算命（得意洋洋地），或是教我如何剪裁做工繁複的「chalvari」──他們男女老少都穿的那種我夢寐以求的土耳其燈籠褲。又或者，她會安排僅存的少數「行醫熊」之一來到我家門外，我當然會開心地請牠入內。這類的熊是體型相當大的棕熊，訓練有素地踩上膽敢讓牠順著背脊來回踩踏的人身上，進行某種提神的按摩，據在地人說，非常有療效。蕊娜本身就愛這種毛茸茸的療法，當她心情低落，或準備要煮大餐前，往往會把熊請來。這些溫馴的動物會不自在地放輕腳步，巧妙地沿著脊柱的兩側踩踏，往前幾步，再往後幾步。這似乎有

神奇功效，每每按摩之後，蕊娜就又生龍活虎。我嘗試這種按摩的唯一一次，嚇到全身僵硬，熊的主人波里斯說，我太緊繃以至無法按必要的方式放鬆。按摩前照例所有人都要喝一杯斯利沃威茨（*slivovitz*）（一種梅子白蘭地），包括熊在內。說到趣事總是笑到彎了腰的蕊娜，幽默感十足，她曾說起某隻熊喝酒過量（牠們偏愛烈酒），讓接下來接受按摩的人——包括蕊娜的哥哥——都進了醫院。言歸正傳，以下是甘藍菜卷的作法。

6人份 🍽（MM）

½杯無籽綠葡萄乾

1大顆甘藍菜

2顆洋蔥，切碎

奶油

½杯生米

450克（1磅）牛絞肉（或羔羊肉、小牛肉）

½小匙鹽

1小撮胡椒

½罐番茄泥

2大匙高濃度鮮奶油

300毫升（1杯）優格

　　將綠葡萄乾放入150毫升（½杯）熱水中浸泡。取1顆葉片細緻完整的大顆甘藍菜，放入一大鍋滾水中軟化。這道手續叫「汆燙」或「煮半熟」。整顆菜留在水裡，最多泡10分鐘，然後取出放涼瀝乾。將葉片從硬蕊處切下來，這樣你可以盡量取下所需的菜葉，譬如說6人份需要12片菜葉。將洋蔥切碎，用少少奶油煎5分鐘，接著和生米以及牛肉或羔羊或小牛肉的絞肉混合在一起。加½小匙鹽和1小撮胡椒調味。將綠葡萄乾從熱水撈出，也一併加進去，整個攪拌均勻。

　　接下來的手續比較費工。將一片菜葉攤平，取滿滿1湯匙的肉末餡料置於菜葉中央，然後鬆鬆地卷起來，再把兩旁的菜葉往內折像信封口封起來一樣。卷的時候務必要鬆一點，因為米粒一經烹煮會膨脹。用1條白線把菜卷綁起來。動作輕柔地把菜卷逐一排在大的焗烤盤裡或平底深鍋裡，因為菜卷一不小心就會裂開。注入300毫升（1杯）溫水，蓋上鍋蓋，在微滾狀態（文火慢煮）煮半小時。接著在不掀蓋的狀況下，繼續再以高溫烤箱烤10分鐘。菜卷可配番茄醬吃，番茄醬的作法再簡單不過，你只要把一罐番茄泥加熱，擠一點檸檬汁進去，起鍋前再拌入2大匙高濃度的鮮奶油即成。菜卷的滋味軟綿濃郁，我喜歡配著優格吃，在番茄醬外另添一番滋味。

普及近東，尤其土耳其

菜卷
Dolmas

「*Dolmas*」其實就是蔬菜卷，最出名的是取甘藍菜葉包肉末、洋蔥和米飯（也就是剛介紹過的甘藍菜卷）。其中最美味的或許是經過特殊處理的葡萄葉做成的菜卷，不過只要基本的肉餡做好了，你可以用各種蔬菜來包，不見得要用葡萄葉，葡萄葉在英國實在很難取得。

你可以把肉餡填入小黃瓜、小茄子或青椒（若用青椒，要先把裡頭的籽去掉）。將青椒或茄子投入滾水中煮15分鐘；放涼，然後切下頂端，再用小湯匙或挖果肉的刀把中心挖空。填入肉餡，填至半滿，再把頂端當成蓋子蓋回去，平放在焗烤盤裡（加了1大匙油和450毫升〔1½杯〕的水），移入中火的烤箱烤大約45分鐘。

若用小黃瓜來做，削皮後用鹽水煮5分鐘；撈出後縱切對半，把籽刨掉，再將（煮熟）餡料填入刨空的地方，塗抹些許奶油後，以上火炙烤加熱。

以下提供的是製作任何菜卷的肉餡食譜。

4人份 ⓘ（MM）

葡萄葉（或甘藍菜葉、小黃瓜、茄子或青椒）

450毫升（1½杯）水

1大匙油

450克（1磅）絞肉（牛肉、小牛肉或羔羊肉）

2顆洋蔥切碎

½杯米（生的）

1大匙番茄泥

幾支荷蘭芹

幾支薄荷

¼杯松子

葡萄乾

鹽和胡椒

取450克（1磅）絞肉、2顆洋蔥大略切碎、150毫升（½杯）生米、1大匙番茄泥、切細末的幾支荷蘭芹和薄荷，以及可能的話¼杯松子和些許葡萄乾，整個混合在一起，加鹽和胡椒調味，這樣肉餡就備妥了。這些量可以填鑲8條大的小黃瓜、青椒或4條大小適中的茄子。

在某些先進的熟食店買得到成罐的葡萄葉，但不是隨處可得。必要時可以用杏仁碎粒來取代松子。

希臘

僧侶鯖魚
Monk's Mackerel

　　希臘周圍環繞著美若仙境的島嶼，那些島嶼是希臘傳說的原鄉，當你看見那些島從湛藍的愛琴海浮現，你會相信阿芙蘿黛蒂、阿波羅和尤里西斯及其他眾神真的存在。其中有座島名叫阿索斯山（Mount Athos），這座聖山是個奇特的地方，島上充斥著修道院和僧侶，但禁止女性涉足，一度連雌性動物也不許在島上停留。島上只有公山羊或公騾子；現在規定稍微沒那麼嚴格，有些修道院准許母貓和母雞待下來。島上二十座不同的修道院之間沒有道路連結，那些修道院往往像碉堡似的盤據於岩石峭壁，高懸於海洋上方。其中一座只能搭著讓人嚇破膽的吊籃抵達，訪客必須坐進籃內，靠著被猛力急拉的繩索緩緩上升，大約升到上空數百呎高。前來這間修道院朝聖的信徒，從雅典出發後，要在沒有甲板的船度過一整夜（在那不總是湛藍又平靜的海面上），據說有時他們會對自己的虔誠狂熱感到懊悔，直到安全抵達並獲得修道院長賜福。

　　那裡的僧侶穿黑色長袍，頭戴黑色高帽，頭髮和鬍子從不修剪。有些僧侶會在教堂牆壁上創作美麗壁畫；

有些負責種植他們賴以維生的蔬菜；有些在廚房幹活；所有人每天花數小時禱告。這種生活艱苦但平靜，他們看起來很快樂。儘管過得簡樸，多半也都吃得很好。以各種方式料理的魚類是希臘的主食。這一道菜餚是僧侶料理鯖魚的方式，是我一位朋友告訴我的，他曾經在修道院待過一陣子，看過教友提摩費料理鯖魚。

4人份 🕕（MF）

2條大尾或4條小尾的鯖魚

2小顆洋蔥

3大匙橄欖油

2片月桂葉

3顆檸檬

少許胡椒

½小匙鹽

1小匙綜合風乾香草

12顆黑橄欖，去核

　　請魚販幫你剖開鯖魚並清除內臟。把魚肉放在冷水下沖洗。將2小顆洋蔥切細末，下鍋用1大匙油稍微煎個3至4分鐘。在平底烤盤裡放1大匙橄欖油，將鯖魚平鋪在烤盤上，撒上煎過的洋蔥末、另外1大匙油、月

桂葉、1顆檸檬的汁液、少許胡椒、½小匙鹽以及1小匙風乾香草。將12顆去核黑橄欖散布在烤盤內，整個蓋起來——假使烤盤本身沒有蓋子，就用鋁箔紙或防油紙整個罩起來。將烤盤送入中火的烤箱內烤半小時。配著水煮原味馬鈴薯吃；剩下的檸檬切成4瓣作為配菜裝飾。

中東

阿富汗

喀布爾米飯
Kabul rice

（大部分東方料理的基礎）

我雲遊四海，但沒去過阿富汗，我希望下一趟旅行能前往那裡，也因此我還無法寫出在當地品嘗的食物。我最靠近阿富汗的經驗，是認識一名阿富汗廚子，他在紐約一家土耳其餐館工作，會說一點英文。他明白告訴我，煮飯的祕訣——飯煮好後必須蓋好保溫，靜置爐邊十二小時。他帶我進廚房，展示給我看用一條非常破爛的披巾好好地包裹著的大銅盆——「我專用的。」他驕傲地說。然而整道手續顯得毫無必要的複雜。我的方法雖不經典，但通常能達到東方米飯講求的乾爽蓬鬆口感。米飯幾乎是中東所有料理的基礎，而且我要鄭重強調，它不是我們吃米布丁時所熟悉的米粒。抓飯和大部分的這類料理，飯粒一定要乾爽，不僅要粒粒分明又蓬鬆。要達到這種口感的方法很多——有經驗的廚子都會同意，煮出那樣的米飯相當不簡單。我的方法如下：

4人份 🅜 (MISC.)

1杯巴特那米[1]

8-10杯滾水

1小匙鹽

煮一大鍋水，量不需精確，只要夠多即可，比方說煮1杯的米，需要8至10杯水。在水裡加1小匙鹽。把米裝在篩網裡放在冷水下掏洗，去除表面的澱粉。等鍋裡的水大滾，便把米倒進去。要仔細留意，一旦水又開始沸騰（放進濕冷的米後，水會暫時停止沸騰），把火轉小，繼續溫和地沸滾十三分鐘，不多也不少，也別蓋上鍋蓋。接著鍋子離火，連米帶水整個倒進篩網或瀝水籃，把水瀝除。接著把煮熟的米粒放在水龍頭下沖，再一次去除留在表面的澱粉。然後把飯粒平鋪在平底烤盤上，送入中火的烤箱烘乾，烘個5或6分鐘。假使你正確地按照這些程序做，米飯應該既白又乾爽蓬鬆，就是抓飯該有的樣子。一旦你掌握了如何做出乾爽的米飯，你就可以做出各式各樣的東方料理，加雞蛋、蝦子、肉類、洋蔥、葡萄乾、堅果——事實上幾乎加什麼都行。

---

1 巴特那米（Patna rice）是秈米的一種，主要栽種於印度河－恆河平原上，印度比哈爾邦的巴特納一帶，以其細長的米粒（超過6公釐）而聞名。

伊朗

伊朗王抓飯
The Shah's Pilaff

　　伊朗舊稱波斯，與阿富汗、巴基斯坦和土耳其相鄰。它美麗、奇特，在這塊「綠松石大地」[2]，有險惡山脈、歷史建築，以及隱蔽在高牆後、有著噴泉中庭的花

2　伊朗自古盛產綠松石（turquoise），古波斯時代被認為具有避邪之用，廣泛應用在飾品器物上。

園。伊斯法罕的主廣場由鑲滿藍色瓷磚、最迷人優雅的清真寺建築環抱，一片青藍襯著深藍天空閃閃生輝。從前的波斯人會在主廣場打馬球，據說兇殘的伊朗王會把敵人的頭顱當球打。每位繼任的伊朗王承襲先祖的輝煌頭銜，始終是眾王之王。王位寶座據說包含了蒙兀兒王朝傳奇的孔雀王座的一部分，鑲嵌著大量彩色寶石璀璨奪目。在德黑蘭那座金碧輝煌、嵌滿鏡子的宮殿內，我吃過由知名大廚納迪爾（Nadir）最先做出來的抓飯，他的作法如下：

6人份 🔟（MM）

900毫升（3杯）水

1小匙鹽

1½杯秈米

1杯葡萄乾

1大匙橙皮屑

600毫升（2杯）熱水

3大匙糖

675克（1½磅）瘦的牛肉或羊肉

油

4顆洋蔥

300毫升（1杯）高湯、或肉湯塊、或水

110克（¼磅）奶油

1小撮鹽和胡椒

將900毫升（3杯）滾水和1小撮鹽放入鍋中，再把秈米倒進去，讓它微滾半小時。趁煮米的同時，把一杯葡萄乾浸泡在加了3大匙糖的600毫升（2杯）熱水中。肉的部分，最好是一整塊切好的羔羊肉，然後把它切成大約2.5公分（1吋）寬的方塊。用少許油把肉塊烙煎一下，煎好置旁，接著把大略切塊的洋蔥煎香。把煎好的肉塊和洋蔥盛入焗烤盤裡，攪拌均勻。此時將米和葡萄乾瀝乾、混拌，並加入橙皮屑，隨後整個鋪在肉塊和洋蔥上，鋪厚厚一層。在焗烤盤內注入高湯或水，再將至少110克（¼磅）左右的3或4大塊奶油，分散放在米飯上頭，然後撒上1小撮鹽和胡椒。移入中火的烤箱內，不加蓋地烤30至40分鐘。期間要查看一兩回，攪拌個2或3次，免得表層的米飯變硬。如果米飯似乎乾得太快，沿著焗烤盤邊緣一點一點注入150毫升（½杯）液體，然後再多撒一些奶油塊在上面。

我猜想那些眾王之王就跟他們先祖一樣，享用完抓飯後會來一點蜜漬甜品，也許是蜂蜜核桃，和綴有幾支薄荷葉的小杯茶。

沙烏地阿拉伯

烤蘋果鑲肉
Fouja Djedad

　　所有東方民族都喜歡在肉類料理摻入甜味，魚料理也是。這一道料理把蘋果配上雞肉，做起來簡單又快速。在紅海濱的港口諸如吉達（Jeddah），富有的珍珠商家中，這道菜廣受喜愛。在這些港口，阿拉伯商人在水岸邊漆成鮮藍色的咖啡館裡進行珍珠交易。珍珠潛水夫潛入海底深處採珠，有時會遭鯊魚獵咬，真是門危險的行業。

　　吉達曾經看起來像是以象牙打造的，雕工華美的乳白房屋（有時是未加工的珊瑚打造的）一戶比一戶高，有如紙牌城堡。

　　狹仄街巷年年湧入從穆斯林世界各地來的朝聖者，他們前往麥加「大朝」的起點就在這裡。這項活動被稱為朝覲（Hadj），而完成大朝的人會被尊稱為哈吉（Hadji），贏得戴綠頭巾的權力，綠色代表著穆罕默德的神聖顏色。前往麥加朝覲必須橫越灼熱沙漠往內陸跋涉三天。駱駝和男人在吉達進行最後的歇息和補水，但隱身在這一切背後，在高牆和格子窗之後，還生活著一群吉達的婦孺，他們在住宅裡的活動區域外人不得進

入，被稱為閨房（harem）；女人深居簡出，她們沒什麼事可做，除了睡覺、吃喝、閒話、算命、惡作劇或發明新髮式或新菜色。烤蘋果鑲肉（Fouja Djedad）就是她們的發明之一。

這道料理在黎凡特（Levant）[3]地區廣受歡迎。我頭一次吃到這道菜是在貝魯特，當時是在一位貝都因族顯要的房屋裡，幾位神采飛揚的突尼西亞女士剛從朝觀之旅返回，我是在她們啟程之初遇見她們。她們起勁地描述朝聖所搭乘的最新交通工具：流線型有空調的美國大巴士，載著富有的信徒輕輕鬆鬆越過危機四伏的沙漠（要走上兩天的路才會抵達下一個水井，每位朝聖者都

---

3 在中古法語中，該字即太陽升起之處、「東方」的意思，在歷史上是個模糊的地理名稱，泛指義大利以東的地中海土地，範圍大約包括中東托魯斯山脈以南、地中海東岸、阿拉伯沙漠以北和上美索不達米亞以西的一大片地區，但不包括阿拉伯半島等地。

會帶著自己的裹屍布上路），她們說得動人心弦，我幾乎沒留意當天的菜色。不論如何，我在近東地區一再吃到烤蘋果鑲肉，後來我發現了以下的食譜。

4人份 ⓜ（P）

4大顆烹飪用蘋果[4]

1杯熟雞肉

鹽和胡椒

½杯麵包屑

½杯葡萄乾

2大匙奶油

1杯蘑菇（隨意）

12粒丁香

1小撮番紅花絲

1小撮肉桂粉

1小撮薑粉

紅糖

奶油

鹽和胡椒

---

[4] 相對於生吃的食用蘋果，烹飪用蘋果通常較大顆、味道較酸。

　　視用餐人數準備夠多的大顆烹飪用蘋果（如果肚子很餓，一人2顆）。將蘋果去核，並從中間多挖出一些果肉出來，讓中央留出一個大洞。要小心操作，免得把蘋果挖破。把煮熟的去骨雞肉剁碎，或用雞肉罐頭（肉量至少要有300毫升〔1杯〕），與少許鹽、胡椒以及麵包屑混拌。這樣的量足以填鑲6顆大蘋果。接著再拌入2大匙奶油、約12粒丁香、1小撮薑粉、1小撮肉桂粉和些許堅果碎粒。整個拌勻後，填入蘋果中。在每顆蘋果頂部撒上些許紅糖和一大塊奶油。接著逐一鋪排在烤盤上（要先注入滾水覆蓋盤底），移入中火的烤箱烤半小

時左右，就像平常烤蘋果那樣。快到半小時之際要查看一下，確認蘋果沒有爆開，如果爆開內餡會掉出來，功虧一簣。敘利亞阿拉伯人會吃杏桃乾（mish-mish）來結束這頓餐，那是將杏桃糊碾得很薄，做成扁平狀販售，看起來像鞋皮革。

　　假使蘋果很大顆的話，還有另一種作法，就是在填餡之前先把蘋果煮半熟，這樣一來在加熱餡料的這段比較短的時間裡，蘋果會被烤到熟透。我建議用白飯搭配這道烤蘋果，但煮飯的時候在水裡加1小撮番紅花絲，為米飯增添美妙色澤和滋味。

敘利亞

慕沙卡千層
Moussaka

　　這道料理在土耳其很普遍。由於土耳其人統治近東大半地區數百年——他們占領的版圖從維也納一路延伸至埃及，中間包括敘利亞和巴爾幹半島，你會發現整個東歐和小亞細亞都會食用慕沙卡千層（Moussaka），一點點絞肉便足以立大功，做出這道簡單又實惠的宴會菜。

6人份 🔟（MM）

900克（2磅）牛絞肉或羔羊絞肉

2大匙水

2大匙橄欖油

1條大小適中的茄子

1小匙鹽

橄欖油，嫩煎用

2大顆洋蔥

2大顆或4小顆番茄

奶油

4顆雞蛋

3大匙麵粉

1罐優格

鹽和胡椒

　　取牛絞肉或羔羊絞肉，用橄欖油稍微煎一下（約煎5分鐘），煎的時候用叉子把肉攪散開來。絞肉下鍋之前不妨先加入2大匙水（把水和絞肉盛在碗裡拌勻），這樣絞肉在煎鍋中就不會變得太乾。取一條肥碩漂亮、大小適中的茄子，連皮切成4公分（1½吋）厚的塊狀，均勻撒上大約1小匙鹽，靜置瀝乾。鹽會讓茄子出水。

約半小時後，將茄子表面的鹽分洗掉，用乾淨的布大略拍乾，均勻撒上麵粉後，下鍋用橄欖油煎黃。把大略切塊的大顆洋蔥，也下鍋一起煎黃。完成後把茄子和洋蔥撥到煎鍋的一邊，用另一邊來煎切成厚片的2大顆或4小顆番茄，約煎5分鐘。煎番茄所需的時間不用像茄子或洋蔥那麼久。將焗烤盤內壁抹油，把所有煎炒好的食材層層鋪疊進去，先鋪一層絞肉，接著鋪上茄子、洋蔥和番茄，接著再鋪一層絞肉，最後把剩下的蔬菜都鋪上去。不用加蓋，送入中火的烤箱烤半小時。

接下來是格外有趣的一道手續，是做出正宗茄子肉醬千層最後畫龍點睛的神來一筆。把4顆雞蛋打散，拌入3大匙麵粉，再加1罐優格，做成濃郁綿密的黃色醬汁，或者，做成你一定會做的一種非常軟滑的布丁麵糊（batter-pudding，即約克夏布丁）。加鹽和胡椒調味後，把醬汁倒入焗烤盤裡，在肉末和蔬菜上形成厚敷的一層。接著再進烤箱烤15分鐘，烤到醬汁層溫熱且定型。順道一提，一般總認為優格不能烹煮，它一遇熱就會碎裂。但我的立陶宛幫傭厄娜教我，摻一點麵粉，優格就變得很好處理，而且通常可以當成鮮奶油來用。

備註：假使你買不到茄子，可以用葫蘆科蔬菜或大朵蘑菇代替，做成另一種版本。

外約旦，今約旦王國

王公的珠寶
The Emir's Jewels

　　我猜這道奇特的三色沙拉得名於《一千零一夜》裡阿拉丁在奇幻洞窟發現的竊盜偷來的寶物，紅寶石、藍寶石、綠寶石、鑽石。東方人喜愛珠寶；他們愛珠寶的美麗及色澤更甚於它的價值。我認識大馬士革的一位珠寶商，他口袋裡常裝了一把貴重的寶石，與人談話時他會從口袋取出各色寶石擺在桌上，摩娑把玩，觀賞寶石閃耀的光澤；他會愛憐地輕撫著，彷彿它們是寵物。他格外喜愛一顆巨大的綠寶石，因為它讓他想起心上人的

眼珠子，不論出多少價他都不會賣掉。偶爾他會邀我共進午餐，就在市集裡他的店鋪後方，這時他的助手會托著托盤趕忙端來茶、些許米飯和蛋料理，偶爾還會有這道亮麗得像珠寶似的三色沙拉，我會建議這道菜作為烤肉或雞肉的配菜來吃。

2人份 🍴（S）

2大顆洋蔥

1大顆柳橙

1顆青椒

12顆黑橄欖，去核

1大匙植物油

1大匙檸檬汁

鹽、胡椒和芥末醬

½小匙糖

　　將洋蔥剝皮切細薄片。柳橙也剝皮切成細薄片。取大顆亮綠的青椒，切除頂端，去籽去膜，切成細圈狀，愈細愈好。把洋蔥、柳橙和青椒盛在平底盤裡拌在一起，再放入12顆去核黑橄欖。按以下方式做淋醬：取1大匙植物油、1大匙檸檬汁、鹽和胡椒、些許芥末醬和½小匙糖，充分拌勻，澆淋在三色沙拉上。愈冰愈好吃。

黎巴嫩

巴貝克蘋果
Baalbek Apples

　　這不是阿拉伯菜，據說是海斯特·史坦霍普女士（Lady Hester Stanhope）發明的，她是英國偉大首相威廉·皮特（William Pitt）的外甥女。皮特權勢如日中天之際，她以女主人之姿打理舅舅的官邸，過著世故又光彩的生活。皮特於1806年辭世後，她遠走他鄉，與黎巴嫩的阿拉伯人一同生活。她在高山上築屋，獨居在部落中，做阿拉伯人打扮，抽水煙（*tchibouk*），接待罕見的歐洲賓客。我聽說她招待賓客的蘋果，是用英國種子栽種出來、並以附近的巴貝克神殿遺址命名。其作法如下。

4人份 ⑪（D）

900克（2磅）蘋果

110克（¼磅）奶油

1大匙肉桂粉

1杯細砂糖

挑選肉質清脆的食用蘋果。削皮去核，切四瓣。在

煎鍋裡融化奶油，油熱到冒煙時，將蘋果下鍋。用鍋鏟或大抹刀小心翻面，把每一面都煎黃。開大火快煎，在快要煎焦或開始變黑時起鍋──這道手續有點麻煩，但稍稍煎過頭會最好吃。煎好後接連擺在平底盤裡，再撒上混合後的細砂糖肉桂粉：1杯糖對1大匙肉桂粉。

以色列

沙雷特
Schalet

多年前知名的猶太劇團哈比瑪（Habima Players）來到倫敦，展開長達一季的演出，當時我常為戲劇和電影寫評論，因此我以劇評的眼光去看戲。結果他們帶給我前所未有的絕妙夜晚，我夜復一夜去看他們演出，完全無視當時在其他地方上檔又下檔的所有戲劇。回想起來，諸如《尤瑞耶・阿科斯塔》（Uriel Acosta）或《惡靈》（The Dybbuk）等這類劇碼的魅力至今仍無與倫比；偉大的戲劇，偉大的藝術。後來我跟劇團變得很熟，當他們被問到最想在倫敦做什麼，他們選擇參觀下議院。隨後他們受邀前往自由俱樂部（Liberal Club），在塞滿了皮椅和格萊斯頓爵士（Mr. Gladstone）及其他

自由黨大老歡樂痛飲的氣氛中，哈比瑪團員在許多俱樂部會員之間坐定，享受愉快的一晚；這些會員似乎不曉得身旁這些人的來歷，但也很有教養沒有開口問。稍後演出結束，這些演員直接在舞台上開了個小派對，我記得他們很遺憾無法提供傳統的猶太餐點給來賓，在以色列他們通常會這麼做。儘管如此，他們做的沙雷特（Schalet）仍舊棒透了。這道蘋果葡萄乾糕點作法如下。

4-6人份 🔟（D）

1杯（早餐杯）隔夜麵包屑

2½杯（早餐杯）白糖

900克（2磅）蘋果

1小匙葡萄乾

6顆雞蛋

½酒杯蘭姆酒

把麵包屑放入用大盆子裝的滾水中吸水；把葡萄乾浸泡在蘭姆酒裡。將蘋果削皮去核，切成很小塊。瀝掉沒被麵包屑吸收的水。把蘋果、糖、葡萄乾連同蘭姆酒倒入（變得濕軟的）麵包屑中，充分拌勻。接著把6顆雞蛋一顆顆逐一加進麵包糊，期間要不停攪拌，最後加1小撮鹽進去。將一只附有上蓋且耐火的深盤內壁（內

側和底部都要）整個塗上奶油，最好是用搪瓷或耐火玻璃製的盤子。把深盤加熱到油冒煙，接著在內壁撒糖，讓它每一邊都厚厚敷上一層糖。把麵包糊倒進盤子裡，密實地填入，然後蓋上蓋子。在爐上用大火加熱7至10分鐘，繼而移入文火烤箱，烤大約2小時。烤好後靜置放涼（別放到冰箱裡），再倒扣到盤裡享用。你可以加熱蘭姆酒當成醬汁或蘭姆酒口味的鮮奶油，或蜂蜜，或甚至用美國廚子喜愛的煙燻風味的楓糖。若加了這些醬汁，它會變得較不像糕點，更像一道甜食。

非洲

突尼希亞

夏修卡烘蛋燉菜
Tchaktchouka

　　突尼西亞南部外海有一座玩具般的小島傑爾巴島（Djerba），島上有個更像玩具的小城豪邁特蘇格（Houmt Souk），是首府所在地。如同突尼西亞整個海岸線，在那裡你也會發現漆成藍色的咖啡館，阿拉伯人會在黃昏時帶著鳴鳥聚集到咖啡館來跟店主人養的名家歌鳥學藝。叫聲婉轉悅耳的鳥最能吸引顧客上門，乃咖啡館的無價之寶。男人坐著喝小玻璃杯綠茶，輕聲談話之際，手裡常拿著一小枝茉莉花，或把一枝玫瑰別在耳後，他們熱愛香氣；一旁的桌上擺著用豪豬的刺製成的小籠子，見習的鳥就關在裡頭。名家歌鳥大概是棲息在雕刻精美的寬敞鐵籠內，籠子漆成藍色，形狀像亭閣，有圓頂或角塔形；這類的鳥籠是這地區的特產，最雅緻的鳥籠有一些是用沙丁魚錫罐頭製的。豪邁特蘇格的餐館不多，一條攤販街上賣著烤魚和一種當地美味方塊酥（*brique*），是那種包著一顆水波蛋的酥皮餅，要吃得不掉渣又不流汁非常不容易。賣方塊酥的小販常在瓷磚高架上盤腿而坐，身旁擺著一大鍋冒煙的熱油。以前我會一大早衝出門去買方塊酥當早餐，此時豪邁特蘇格已甦

醒，正迎接湛藍的另一天：急行的驢子載來一籃籃章魚或海綿動物，駱駝馱著陶製水罈，目盲的算命者吟誦著預言，還有從蘇丹來的弄蛇人和樂手，全都聚集在棕櫚樹和市集拱廊下……天堂裡的早晨大抵就是這般模樣。

　　在隔海的大陸上，在名為瑪特瑪它（Matmata）鮮為人知的神祕地區，居民住在洞窟裡；你走下階梯進到某種紅土坑，那就是洞穴入口。有時我很幸運，當地居民會邀我跟他們家人一起用餐。夏修卡烘蛋燉菜（Tchaktchouka）就是他們愛吃的菜餚。我曾坐在紅土坑地板上看著穿藍袍、掛著避邪物和平安符的婦女們準備這道菜，或是庫斯庫斯（couss-couss）（一種粗粒麥粉和肉類的料理），不過一出非洲要料理庫斯庫斯太過繁複了，我把重點擺在烘蛋燉菜。

6人份 🕮（E）

5或6顆大洋蔥

油

5或6顆大番茄

3顆青椒

甜味紅色櫻桃椒

1粒蒜瓣，切末（隨意）

1小撮紅椒粉（隨意）

6顆雞蛋（1份1顆）

將洋蔥切細薄片，用油煎黃。加入同樣分量的大顆番茄切片、切細的青椒和少許甜味紅色櫻桃椒（pimento）。別忘了青椒要先剖開去籽。在煎鍋裡用小火把所有蔬菜料一起慢煮成軟爛的菜泥。此時喜歡的話加1粒切末的蒜瓣進去，也許再加1小撮紅椒粉。把菜泥舀進個別的陶盅內，1盅1人份，然後1盅菜泥打上1顆蛋，移入小火烤箱烤到蛋凝結定型（約10分鐘）。我不知道你是否喜歡這道菜；但我很愛，尤其是當我和阿拉伯朋友一同坐在向晚暮光中，碩大的夜星閃耀在淡綠色天際，繩栓在上方棕櫚樹的駱駝一面吃牠們的晚餐，一面呻吟和噴鼻息。此情此景什麼都比不上。

所有阿拉伯國家，尤其北非

烤羔羊
Mechoui

整隻串在炙叉上烤羔羊（*mechoui*），是每個阿拉伯國家的佳餚。有時會塗上蜂蜜去烤或鑲填葡萄乾；往往會配優格吃，以前在敘利亞我常這麼吃。然而不管你置

身敘利亞的貝都因族或撒哈拉沙漠的遊牧部落，或享受
阿拉伯貴族家庭的殷勤好客（如插圖裡的我一樣，某個
涼爽的黃昏我跟貴族的幾名妻妾在屋頂上聊天），盛宴
的禮俗都一樣。你大抵不會跟婦女一起吃，她們下廚準
備盛宴，與你一同用餐的是你的東道主、他的兒子和兄
弟。東道主會從一堆肉和飯之中挖出羊眼珠，用手指捻
掐著這最上乘的佳餚獻給你，你不能回絕或面有難色，
這樣很傷感情。

　　我記得幾個法國軍官帶我奔赴某阿拉伯王公在沙漠
擺席的一頓晚餐。在暮色中，男人們坐在黑山羊毛氈帳
篷外，搖曳的火光映在他們臉孔——他們大多高挑、黝
黑而且蓄鬚。先前他們在外獵瞪羚，馬匹拴在附近的尖
木樁上。領主兒子最愛的一匹白駿馬，馬鬃和馬尾用指

甲花染料（henna）染成玫瑰杏桃色，這同樣的淡綠色
粉末在大部分東方國家是用來在手和腳的掌心上彩繪，
這裡則是染髮用。（唉，繪在手和腳上很快會變髒髒的
褐色，不像詩人想要令我們相信的那般漂亮。）我們加
入圍繞火堆的圓圈，我看見有些獵人仍讓鷹隼（用來打
獵的鷹）棲在肩膀上，有時還會對獵鷹說話或撫弄牠。
與此同時，圍著火堆的一圈人外，女人們正在準備晚
餐，煮水泡薄荷茶，在泥灰窯裡烤扁麵包，把山羊起司
塑成小方塊，而串在炙叉上的烤羔羊被慢慢翻面。你當
然沒辦法在廚房的爐台上烤羔羊，但我可以提供一些把
肉烤好的建議，這幾乎是全世界通用的準則。

6人份 🔟（MM）

　　如果你喜歡蒜味，將2小粒蒜瓣剝皮，在羔羊腿到
處畫幾刀，把蒜片塞進切開的裂縫。取少許鹽在肉的表
面抹勻。把2大匙的油或奶油放入烤盤裡，再把羔羊腿
擺進去，烤之前翻面一兩次。

　　肉要烤得好吃有一大訣竅。先用高溫（預熱過的烤
箱）烙烤封汁10或15分鐘。接著，當肉汁被封住而肉
的外表呈金黃色時，把溫度大幅降低，以中火繼續烤。
你必須計算一下，每450克（1磅）的肉要烤15至20

分鐘。因此2.25公斤（5磅）的羔羊腿肉（約6人份食量），假使你希望肉近乎全熟的話，必須烤1小時45分鐘左右。半生不熟的羔羊肉跟煮過頭的牛肉一樣不合我意。

依照頁270的作法料理肉汁。我喜歡按阿拉伯人的吃法把優格當佐醬。配英國薄荷醬也很棒。你可以在肉的周圍擺上馬鈴薯或洋蔥（先燙個15分鐘至半熟），再一起進烤箱烤，利用肉汁潤澤馬鈴薯或洋蔥。（假使你沒把馬鈴薯和洋蔥先行燙過，肉烤好時，它們可能還沒熟透。）就一道菜搞定一頓餐來說，這是非常美味又經濟實惠的料理。

埃及
夫人玉指無花果
Bamiya Figs

在埃及，最有錢的人吃得很豐盛，最窮的人——他們所謂的費拉（*fellah*），也就是佃農——吃得很差。但是不論富人窮人每年都會過一個名稱古怪的節日「聞風節」，當天什麼都不吃，因為春風甜美如盛宴。一出開羅就是沙漠，沙漠裡有大金字塔和獅身人面像，每一位

初抵埃及的人，從拿破崙到一日遊的觀光客都不例外，
全都迫不及待地去參觀。開羅充滿了榮光與傳說。穆斯
林世界最偉大的宗教學府就在這裡，在艾資哈爾清真寺
（Mosque Al Azhar）。尼羅河的羅達島（Roda），據說就
是法老的女兒發現漂流至蘆葦叢的摩西的地方。最重要
的是，馬木留克人（Mamelukes）的墓塚也在那裡，他
們最早是土耳其或喬治亞奴隸兵組成的傑出僱傭兵團。
被賣給埃及蘇丹王後，不久他們就將之推翻，成為強大
的統治王朝──馬木留克蘇丹王──掌權數百年之久。
最後一任被邁赫梅特‧阿里（Mehemet Ali）所摧毀。

　　開羅有很多這類的迴響，至今仍在飄蕩，有時迴盪
在大市集；大市集是有頂蓋的蜿蜒巷弄，商品琳瑯滿
目：皮革、鴕鳥羽毛及其巨型的蛋；氈毯、糖、色彩美

麗的英國印花棉布，還有法老的寶藏，真假都有，因為
埃及人很會做生意，為觀光客市場訂製了大量複製精良
的骨董。市集裡小咖啡館林立，其內進行的交易長達數
個鐘頭，討價還價是東方生活少不了的一環。一樁買賣
通常進行一整天，期間穿插著數杯咖啡，甚至一頓餐。
在市集的餐館你會發現美味菜餚，蝦子和烏賊、甜膩的
蛋糕、蜜漬甜品以及很多蔬菜料理。熱門的菜色之一是
「*bamiya*」（或夫人玉指），也就是秋葵，是一道沙拉，
可以熱熱吃，也可以當冷盤。我喜歡吃熱的，加大蒜並
佐上酸奶油，再淋一點檸檬汁會讓滋味更鮮明。

4人份 ⑩（∨）

8顆新鮮無花果

450克（1磅）秋葵或8小條櫛瓜或900克（2磅）花豆或

蠶豆

50克（2盎司）奶油

紅糖

鹽和黑胡椒

優格

荷蘭芹

秋葵，如果你買得到的話，在埃及的煮法和英國差

不多。風乾的秋葵偶爾可以在異國熟食店買到。假使找不到，用小條櫛瓜或甚至花豆也可以。在埃及的餐館，我吃過把秋葵當蔬菜和新鮮無花果一起煮的砂鍋。將新鮮秋葵投入煮沸的鹽水裡，讓它滾個半小時。（450克〔1磅〕的秋葵足夠4人份。）煮軟後撈出瀝掉水份。把無花果放入焗烤盤裡，連同些許奶油、鹽和胡椒，以中火烤箱烤15分鐘左右，再和秋葵一起在盤子裡混拌在一起，接著撒上些許紅糖，以上火炙烤到糖焦糖化。佐上融化奶油或優格吃，可當成搭配任何肉類的配菜。假使當主菜吃，我建議配水波蛋或在表面撒上大量起司絲，把番茄醬另外盛在小碟子裡當佐料。

　　這道菜使用蠶豆也非常對味。把蠶豆投入煮沸的鹽水中，450克（1磅）豆子對150毫升（½杯）水，慢火微滾煮到軟，約半小時。加上些許荷蘭芹末和小塊奶油，以搭配純粹原味的夫人玉指，它們可以在盤子上分開堆疊，並放上幾瓣檸檬點綴，為美觀起見，也許再加幾顆黑橄欖。這樣的一道菜成功的關鍵在於如何擺盤。東方料理精於擺盤，花一點功夫確實很值得。再怎麼好吃的料理，如果只是草草用盤子裝起來，也不會誘人。同樣地，最素樸的食物若擺放得漂亮，額外加一些意外的配料，也許在滋味上增添驚喜，或者只是烘托食物色澤，或帶出沁涼感和增加鮮度，譬如幾瓣檸檬，或紅色

小蘿蔔、荷蘭芹、閃亮的黑橄欖等等，都能營造出精緻料理的氣氛。

非洲赤道地區

剛果烤雞
Congo Chicken

在中非赤道上熱氣蒸騰的雨林出產各種熱帶水果、番木瓜（*pawpaw*）、芒果和香蕉。原住民吃這些水果會配上雞肉、雞蛋和粗玉米等穀物做的餅和粥。以多種方

式料理的香蕉是主要食物。吃鴕鳥蛋是一道饗宴，巨無
霸的一顆蛋，大到只能打散做成類似歐姆蛋的料理，而
且一顆就足以做成厚實的一餐餵飽六個人。有時候會遇
上象肉的筵席。假使你順著黃色河川的急流划船而下，
你會看見河馬在岸邊洗泥浴；鱷魚正在做日光浴，牠們
張著醜陋的大嘴，讓小鳥在嘴裡跳躍，幫牠們剔除齒間
的肉屑。我知道這聽來很不可思議，但千真萬確：鳥兒
追隨河馬和鱷魚，以這種方式獲得食物，而鱷魚從不會
咬食好心幫忙剔牙的鳥。

　　如果你的獨木舟沿著通往內陸村落的小溪前進，你
會被鋪天蓋地的寂靜淹沒；雨林漸漸將你包圍，濃密、
悶熱、青翠、靜謐，只聞鳥兒覓食的窸窣聲，或蛇在
矮樹叢滑行。說不定你會聽到遠處傳來的撞擊聲或斷裂
聲，那是一群大象跺步走過矮樹林。象群有時會來到村
落裡，因為牠們喜食被當作籬笆的那種灌木，而且通常
會被敲打罐頭大呼小叫的居民趕走。大體上，大象溫馴
但固執，發起怒來很嚇人。

　　非洲村落是歡笑忙碌的地方，充滿活力，孩童追逐
奔跑，瘦巴巴的雞在塵土中啄食，乾癟的老太婆在每間
茅舍前的土灶準備食物。如果他們邀請你參加筵席，很
可能就是請你吃這種雞肉料理，雖然我懷疑他們有奶油
可用，而我用青椒來取代只有當地才有的蔬菜。

4人份 ⑩（P）

1隻1.35公斤（3磅）的雞

110克（¼磅）奶油

鹽

6顆青椒

油

花生醬

1杯烤花生，無鹽

　　取一隻清理好、預備烘烤的雞，把奶油和一大把花生填入雞胸腔內。取鹽和些許奶油塗抹整個雞身，移入

中火的烤箱烘烤。烘烤的時間取決於雞的重量，每450克（1磅）烤20分鐘。因此一隻1.35公斤（3磅）的雞須烤大約1小時。期間偶爾要在雞身表面塗抹油。

趁烤雞的同時，把青椒整個放入煎鍋內用少許油烙煎10分鐘左右，煎到表面有點焦或變黑。離火後稍微放涼，繼而切除頂端，挖出蕊心，剩下的切絲，然後送進烤箱鋪排在雞身周圍，從烤盤裡舀些許油澆淋在青椒上。雞隻烤到半熟時再澆一次油汁。當雞肉烤到軟嫩（用叉子戳雞腿來判斷），取出烤箱，在雞身表面薄薄抹一層花生醬。撒鹽調味，再把一杯切碎或磨成粗粒的烤花生撒在整個雞身表面。花生粒會黏在花生醬上，形成看起來多刺的堅果塗層。再送回烤箱續烤5或6分鐘。出餐時把青椒絲鋪在雞隻周圍。搭配著白飯吃，記得在最後一刻撒上切得很細的荷蘭芹碎末。

以芒果做為飯後甜點很經典，但芒果在英國不容易買到。不妨改用香蕉，剝皮後縱切對半，擠一點檸檬汁淋在上面，再撒一些紅糖，用烤箱烤個10分鐘左右。

順道一提，假使你烤過頭，譬如烤了25至30分鐘，香蕉會膨脹成某種口感軟綿的舒芙雷，非常討喜，只不過淡而無味，配上酸醬則極為可口。我通常會做一種苦味橘子醬，橘子醬加熱後摻少量黑蘭姆酒和一些檸檬汁及紅糖稀釋即成。

遠東

印尼

紅曦拼盤
The Rosy Dawn Dish

看見有關食物的同樣概念在全世界不同國家重複出現，是很很奇妙的事。香蕉配著魚肉和番茄一道吃，在地中海東部沿岸屢見不鮮，西班牙也不遑多讓，而我們發現魚肉佐香蕉在東方也非常普遍。

這道菜若擺盤擺得好，非常賞心悅目。用綠盤子來盛格外搶眼，也可以用大片綠葉子沿著盤緣排一圈。在東方，人們常用貝殼盛食物而不用盤子，或者盛在處處可見的超大片發亮的熱帶樹葉上。不論如何，我們總可以找到某種替代品，不妨用捲心羽衣甘藍或者又大又新鮮的大葉甘藍菜，或用大黃美麗紅葉脈的葉子，這種葉子若吃下肚據說有毒性，但當作盤子用確實無害。

4人份 🔟（MF）

600毫升（1夸特）水

1小匙鹽

1杯米

4顆雞蛋

4小顆熟成番茄

1包冷凍熟蝦解凍，或1罐雞尾酒蝦，或一些新鮮明蝦

2大匙油

1大匙檸檬汁

鹽和胡椒

紅椒粉

3條熟成香蕉

75毫升（¼杯）番茄泥

150毫升（½杯）美乃滋

奶油（如果要當熱食吃的話）

　　這是作為自助式晚餐的一道絕佳主菜（但要先以熱騰騰的清湯開動）。這道菜可以吃熱的，也可以當冷盤。就讓我們當作冷盤來介紹。用抓飯的方式煮飯，見頁162，但只煮13分鐘。煮好放涼。與此同時，把雞蛋投入水中煮熟（8分鐘），把4大顆熟成番茄切成薄片。取1包冷凍蝦，或大罐大隻的雞尾酒蝦，倒入以2大匙油、1大匙檸檬汁、鹽和胡椒及1小撮紅椒粉混合的液體，翻拌幾下，靜置一旁讓蝦浸漬入味。同時把熟成香蕉縱切對半再橫切對半，所以你總共有12瓣香蕉，撒一點鹽、胡椒和少許紅椒粉。水煮蛋剝殼後縱切對半。接下來開始擺盤，把放涼的米飯擺在平底盤的中央，交錯地把蝦子、香蕉瓣和水煮蛋鋪排在周圍。在最外圈鋪

上番茄片；在米飯的中央挖出一個空間，擺上盛裝醬汁的玻璃碗：醬汁是用美乃滋稀釋的番茄泥，應該呈迷人的蝦粉紅色。（如果你要做成熱食，當然要把香蕉、番茄和蝦子先用奶油嫩煎過再擺盤。）最後在飯上撒甜味紅椒粉即大功告成。以甜醃瓜當額外的配菜。

中國

大雜燴
Chop Suey

中國料理跟中國畫一樣詩意迷人，儘管有那些關於鐵蛋、猴腦和鼠肉的傳說。中國菜被認為是美食學的偉大成就之一，但所使用的食材和烹飪方法很難轉譯。中國菜單上的蔬菜、香料和各種特產，紐約人和舊金山人可以在各自的中國城裡找到程度不一的出色演繹。紐約市外的長島，有一整片農場和園圃栽種特殊的中國食材，通常由美國華裔家庭經營。中國餐館做的菜都不錯，但我認為外行的歐洲人要做中國菜一般而言並不走運。不論如何，把米、豬肉、蝦子、蘑菇、醬油和一罐豆芽菜或竹筍備妥，你就可以做出很像中國菜的一道菜，而你的中國朋友總會客氣地說，你燒的菜比他們自

己燒的更好吃。切記，最有名的中國菜「大雜燴」，字面上的意思就是「雜混下腳料」，因此其實你怎麼做都像，同時還可以消耗掉殘羹剩菜。試試這道食譜。

4人份 🕦（MM）

1杯熟肉（譬如吃剩的豬肉、火腿丁、雞肝或雞肉）

鹽和胡椒

2大匙醋

2大匙水

1杯生蘑菇

2顆洋蔥

1罐豆芽菜（或竹筍）

醬油

1小匙糖

1小撮五香粉

1盤秈米飯

225克（½磅）熟蝦

奶油

讓我們假設你剩了幾片煮好的豬肉。切小丁，加幾片切碎的火腿、雞肉……幾乎要加什麼都行。你需要總共大約1杯的肉量。撒一點胡椒和鹽進去，再加各2大

匙的醋和水，置旁醃一會兒。把生蘑菇也切塊，一併放入肉料中醃漬。洋蔥剝皮，切大塊，下鍋用奶油嫩煎。接著取1罐豆芽菜或竹筍（假使你買不到，可用切薄片的芹菜，或者四季豆，放入滾水煮5分鐘即可），也下鍋用奶油煎炒個2分鐘。接下來肉料和蘑菇下鍋，續炒3分鐘。加1小匙醬油、1小匙糖和1小撮五香粉調味。整個再一起用小火續煮15分鐘。與此同時，你已備妥一大盤白飯，用抓飯的方法處理（參見頁162）。米飯和雜燴要用碗盤分開盛。最後把熟蝦下到鍋裡的雜燴，一同再拌炒約1分鐘即可起鍋。另外裝一碟醬油和一碟甜醃菜當佐料和配菜。

　　以我們的標準來說，中國菜並不簡單也無法速成。

中國

北京梨
Pekin Pears

　　唉，我沒到過熱河（承德），沒看過紫禁城，還有一望無際的長城。這是我此生最遺憾的事之一。我只在耶穌會神父哈克（Huc）和蓋貝（Gabet）的遊記裡讀過相關記述，他們遠赴蒙古拜訪華人基督教會，同時留下了一八四二年遊歷韃靼利亞（Tartary）[1]、中國和西藏的迷人描述。我對中國菜的認識僅限於餐館料理，以舊金山中國城裡的最出色，那些店鋪擺滿了魚翅、風乾鴨和說不出名字的根莖類和蔬菜。在那裡，你聽到的都是中國話，每晚有京劇表演，一演就是十二個鐘頭左右（正宗戲曲的縮短版）。在整場表演過程中，觀眾席裡會傳遞小碗的茶、飯還有熱手巾，讓看戲的人提神。確實，更美式的華裔年輕人也會拿到口香糖和可樂，但整個場面，亮麗奪目的中古戲服、面具似的妝容、一脈相傳的手勢身段和拔尖吊嗓，瀰漫濃濃亞洲氣息。午夜之際，我常晃到戲院外附近的小館子吃東西，我會選一道經典

---

[1] 中世紀至二十世紀初，歐洲人對中亞的裏海至東北亞韃靼海峽一帶的稱呼，尤指突厥人和蒙古人等遊牧民族散居的區域。

菜色，也許再點一道北京梨子。中國人很少吃甜點，通常就是某種水果甜湯，或小米糕，或大塊薑糖，或某種異國水果，譬如你只能買到罐頭的荔枝。（順道一題，牛奶被視為不適合人類食用。）中國一種料理梨子的古法如下。

4人份 🍴（D）

4顆梨子

4大匙蜂蜜

薑粉

1大匙核桃碎粒

梨子削皮去核，把蕊心挖成中空的一個洞。在洞內填入蜂蜜、核桃碎粒和一些薑粉。接著把梨子移入火力開很低的烤箱至少烤¾小時，或用蒸煮的方式，時間上要更久，才能蒸到軟。確認你選到熟成的梨子。青澀而蕊心硬的梨子口感不好，雖然你可以用這種方式消耗掉不是很熟的梨子。梨子變軟且最美味所須烹調的時間視梨子本身而定，我無法說得精確。

日本
黑白沙拉
Black And White Salad

在日本工業化之前的遙遠年代，這國家就像本阿彌光悅[2]繪製的屏風，有兇猛的戰士揮舞刀劍。本阿彌家族歷代以製刀劍為業，日本傳統文化對刀劍有一種狂熱崇拜。屏風裡有得意的貴族和穿戴華麗的優雅女人調情、卑微的農民、羽毛繽紛的鳥和奇異的魚，也許還有比其他地方更多的傳奇與迷信。每一天、每件事、每一種情感、花卉、鳥獸或人物，都和傳說寓言有關連。武

2　Honami Koetsu，1558-1637，傑出的鑄劍師，亦精通繪畫與茶道。

士屬於世襲戰士的一個階級，他們離開家鄉跟隨主公上戰場，按習俗，家人會做一道特殊料理為武士餞別：烤鯛魚，而且必須放在側柏（*tegashiwa*）灌木的整片枝葉上。武士把魚吃了之後，葉子會掛在門上作為平安符，庇佑武士平安歸來。日本人吃大量的魚肉和米飯，魚肉通常是生吃。對我們來說，日本食物比中國菜更不容易欣賞，也更難在英國找到。但我去過的幾家日本餐館都承襲了這份東方特有的本事，能夠把微物發揮到極致，擺盤也優美。如同我先前說過，這很重要。此處是一道奇特的海鮮沙拉，很容易用常見的食材來做。

4人份 🔟（S）

4-6顆吃剩的熟馬鈴薯

2大匙白酒醋

½顆小顆檸檬的汁

鹽和胡椒

荷蘭芹（一大把）

1小撮蒔蘿

豆蔻皮

約15顆貽貝（或1罐）

110克（¼磅）草菇（或1罐）

核桃仁

　　將吃剩涼掉的馬鈴薯切片，放入下述混合液醃漬浸泡一下：2大匙白酒醋、半顆小顆檸檬的汁、鹽和胡椒以及一大把大略切碎的荷蘭芹。醃好後加1小撮蒔蘿和少許豆蔻皮磨粉。接著把一罐熟貽貝和一罐熟草菇瀝掉汁液。將草菇、貽貝和馬鈴薯片輕輕地混拌均勻，動作要輕，免得弄糊了。撒上幾顆核桃仁裝飾，可能的話盛在顏色亮麗的碗裡，會比盛在玻璃或白瓷盤更搶眼好看。

印度

咖哩飯
A Curried Rice Dish

　　炎熱氣候帶似乎常出現勁辣的食物。也許人們熱得虛脫，需要某種刺激來提振食慾。咖哩是這類味道強烈的料理的一個好例子。正宗道地的咖哩應該嗆烈得讓西方人眼淚在眼眶裡打轉。傳統上咖哩飯會搭配名為九肚魚（Bombay Duck，印度鐮齒魚）的一種又乾又扁又皺的魚吃，而且還會喝上一杯牛奶，想必是為了解辣。我個人並不喜歡如此嗆辣的料理，但咖哩的用量大為減少會相當可口，因此我們來做一道滋味精緻溫和得多的西式咖哩飯。

4 人份 🔟（MISC.）

1 杯米

2.4 公升（8 杯）水

3 小匙咖哩粉

1 把葡萄乾

2 大匙糖

2 顆蘋果

2 顆大小適中的洋蔥

奶油

4 顆水煮蛋

1 大匙麵粉

2 大匙牛奶

鹽和胡椒

1 小匙伍斯特醬

咖哩粉

1 小撮薑粉

1 小撮芥末粉

印度甜酸醬（Chutney）或甜醃瓜

用加入 1 小匙咖哩粉的水煮 1 大杯米，以平底深鍋煮 15 分鐘，不加蓋。同時，將 1 把葡萄乾泡在加了 2 大

匙糖的1杯熱水裡。將2大顆烹飪用蘋果和2顆大小適中的洋蔥切薄片，用奶油煎到呈暗褐色，在過程中同時水煮雞蛋（8分鐘）。

這會兒米飯應該熟了，把咖哩水倒出來放進碗裡（做醬汁時會用到一些）。把呈亮黃色的米飯瀝乾，拌入煎黃的蘋果和洋蔥裡，也一併把葡萄乾拌進來。拌勻後整盤放進火力非常低、不致於繼續烹煮的烤箱裡保溫。把1大匙麵粉和2大匙咖哩水在杯子裡混合，攪拌至麵粉全數溶解。接著再加2大匙牛奶，充分攪勻，倒進醬汁鍋裡以小火加熱，再徐徐注入150毫升（½杯）咖哩水，期間要不斷攪拌。加入鹽、胡椒、1小匙伍斯特醬、¼小匙咖哩粉、1小撮薑粉和1小撮芥末粉。醬汁變稠即可起鍋。

水煮蛋剝殼。蛋剛煮好會很燙，不容易剝殼，不妨
用冷水稍浸一下，直到不燙手再處理。剝好後縱切對
半，在盛咖哩飯的盤子外緣擺一圈，拌著咖哩醬吃。可
搭些許甜醃瓜或印度甜酸醬。

帝國時代附記

又或，作為對英屬印度時代的紀念，試試西姆拉烤
雞（Simla Chicken）。

取一隻烘烤用的雞，切塊，放入耐火的烤盤裡，淋
上用300毫升（1杯）打發鮮奶油、1小匙芥末粉、3大
匙伍斯特醬、鹽和胡椒、少量卡宴辣椒粉、1小匙薑粉
混合的醬汁，用烤箱烤到肉呈金黃。配著咖哩飯吃。

巴基斯坦

酥酪糕
Khoa

4人份 🔟（D）

600毫升（1品脫）奶油起司

2大匙酸奶油

1大匙糖

麵粉

奶油

紅糖

　　如果你想吃一整套印度餐，可以用酥酪糕（khoa）當飯後甜點。要做這道料理，先將奶油起司、酸奶油及糖混拌在一起，捏成小糕餅形狀，撒一點麵粉，下鍋用奶油或一般油煎一煎，起鍋後撒一點紅糖即成。可以搭配些許桃子或葡萄一起吃。這是一道貴族甜點，和印度大君（Maharajah）雍容華貴很相稱，就像我畫的

這幅。（而且遠比收錄在《洋夫人的糕點料理書》〔*The MemSahib's Cake Book*〕裡的「絲絨卷」〔Flannel Rolls〕這款讓人半信半疑的美食好吃；絲絨卷的製作嚴謹，其度量衡是用印度斯坦語寫的，諸如4「*chittocks*」的麵粉、1「*passeree*」的燕麥等等。該書在1857年於印度出版，印度嘩變那一年，出書說不定和小餐包及子彈潤滑油的傳言有關係。[3]）

---

[3] 1857年初在印度雇傭兵之間流傳一種說法：東印度公司以豬油、牛油混合的潤滑油塗在包裝步槍子彈的紙皮上。由於印度教視牛為神靈忌食牛肉，而伊斯蘭教則視豬為污穢之物，而在當時的技術條件下，在裝彈之前，士兵又必須用牙齒來咬破步槍子彈的紙皮，因而擁有這兩大信仰的士兵們都拒絕使用這些子彈。當年的印度民族起義，被認為與此傳說有關。

大洋洲

南太平洋島嶼

鳳梨鴿肉
Pineapple Pigeon

　　有句古諺說，人不能一輩子天天吃鴿肉。何必天天吃呢？但還是有個男人跟另一個人打賭說，只要用不同方式烹煮，他可以天天吃鴿肉吃一年。於是他興高采烈開始進行；他是個好廚子，用了各種巧飾手法每天料理鴿肉。過了三個月後，另一人變得焦急，因為賭注很大，他擔心自己會輸。過了六個月左右，天天吃鴿肉的人突然神色有恙，隔天就病倒了，病到幾乎無藥可醫，直到他退出賭局，願意吃鴿肉以外的任何食物。雖然他輸了賭金，但贏得健康。這是真實的故事，但絕對沒有說教意味；它點出一個事實，當你還有麵包可吃、牛奶可喝，不能一整年天天吃鴿肉。不論如何，偶爾吃吃，鴿肉還是很美味。也許你可以試試南洋群島料理鴿肉的方式。

　　自從《魯賓遜漂流記》、庫克船長（James Cook）與布萊船長（William Bligh）[1]、《海角一樂園》（*The*

---

[1] 兩人皆為十八世紀的英國皇家海軍、冒險家。庫克船長曾三度航行至太平洋，並成為首批登陸澳洲東岸及夏威夷群島的歐洲人；1776年布萊船長隨同庫克船長進行第三次的太平洋航行，庫克於此次航行終了

Swiss Family Robinson）以及《藍色珊瑚礁》（The Blue Lagoon）[2]裡出名的少男少女在熱帶島嶼上冒險犯難，我們腦海總浮現他們靠生吃水果與魚肉維生的畫面。我們知道他們會升火煮東西吃，但當周遭有那些珊瑚礁、藍色環礁湖和椰子林等著他們去探索時，很難想像他們會花很多時間在鍋碗瓢盆上。但最鮮美多汁的菜餚源起於太平洋諸島。椰香烤豬肉，或麵包果配魚肉是經典。我一位法國朋友在那些湛藍海域航行，就吃到了砂鍋鴿肉；他當時造訪了薩摩亞這個羅伯特・路易斯・史蒂文森（Robert Lewis Stevenson）[3]的島嶼故鄉，和命運多舛的天才高更之定居地大溪地，高更在此畫出他那些美麗畫作，最終客死他鄉。

這是我的法國朋友從南太平洋帶給我的食譜。

遇害身亡。

[2] 《海角一樂園》為瑞士作家懷斯（Johann David Wyss）1812年出版、描述瑞士一家人準備移民卻不幸遭遇船難而在南太平洋荒島上求生的小說；《藍色珊瑚礁》則是愛爾蘭作家斯塔克普爾（Henry De Vere Stacpoole）1908年出版的小說，描述一對少男少女因船難漂流至太平洋荒島的成長故事。

[3] 1850-1894，蘇格蘭詩人、小說家及旅遊作家，他到處旅行，部分原因是為了尋找適合養病的氣候，包括歐陸及美國，最終來到了太平洋諸島，晚年在薩摩亞群島購置土地、建造棲身之所，最後病逝於此。

2人份 ⑪（P）

2隻鴿肉

油

鹽和胡椒

薑粉

300毫升（1杯）水和1大匙檸檬汁

2或3片月桂葉

1或2支新鮮茴香

1小匙肉豆蔻粉

2片厚切的新鮮鳳梨片

芥末醬

　　將鴿肉全身抹油，撒一些鹽和胡椒及些許薑粉（一點點就好），接著放進焗烤盤裡，加入水和檸檬汁。再放入月桂葉、和幾支茴香切細碎。將1小匙肉豆蔻磨粉加進焗烤盤裡。厚厚地切兩片新鮮鳳梨（罐頭水果不是好選擇，假使不得已要用，就買未加糖的）。處理鳳梨時先切除多刺的外皮，再把硬蕊心切掉。把果肉切成指頭長度，排在鴿肉周圍。蓋上鍋蓋送入小火烤箱烤至少1小時。起鍋後配地瓜或馬鈴薯泥吃，或者配上跟這道菜格外對味的菊芋（Jerusalem artichoke）。一個大膽而

　　有趣的配料是把鳳梨當蔬菜料理。把新鮮或無糖的罐頭鳳梨切成塊,稍微用奶油煎過即成。

　　此外,我吃過的夏威夷菜總會配上一種濃烈的芥末醬:把1小碟的鮮奶油、1甜點匙的芥末粉和1茶匙糖或蜂蜜混拌在一起。

紐西蘭

洋薏仁燉羊肉
Barley Mutton

　　澳洲有很棒的水果、各種的魚和無尾熊;當然無尾

熊不會被宰來吃,這類逗趣可愛的小傢伙備受寵愛。那裡有充滿夾竹桃、山茶花和毒蛇的園圃;有一望無際的平原曠野,可找到幾座最出色的牧羊場。在澳洲和紐西蘭,羊肉是很尋常的食物,但吃法與阿拉伯國家會配米飯、葡萄乾或優格大不相同。在紐西蘭,料理的方式更簡單,因為在地處遙遠的畜牧場生活很辛苦,沒什麼閒情逸致做精緻料理。這是一道直率又好吃的燉羔羊肉或羊肉。

4人份 🔟（MM）

8小塊羔羊排或羊排

1.2公升（4杯）水

檸檬皮

3大匙洋薏仁

6條胡蘿蔔

4顆洋蔥

鹽和胡椒

取8小塊羔羊或羊的腰肉排或頸肉排,放入平底深鍋內,連同水、些許檸檬皮、洋薏仁、切成4塊的胡蘿蔔和切半的洋蔥一起。撒大量的鹽和胡椒進去。蓋上鍋蓋以文火燜燉2小時。假使你很餓,可以配馬鈴薯吃,

雖然洋薏仁會讓肉汁變稠，而且它本身就是很有飽足感的搭配。

　　我會建議飯後來點薑味蛋糕，配上摻了一些糖和薑粉調味的酸奶油（不要沾太多）。我建議在吃完洋薏仁燉羊肉後吃這道味辛的甜點，因為羊肉滋味非常細緻，薑味可以帶出鮮明美妙的對比。如果你想要清淡一點的甜點，不妨吃水果（但蜜餞除外），也許可選甜瓜，撒上薑粉和糖增添風味。

夏威夷

仙饌
Ambrosia

在歌聲縈繞的夢幻夏威夷島，美食盛宴、草裙舞和吉他音樂齊名。烤乳豬——小豬仔整隻烤——是常見的菜色之一。島上盛產形形色色熱帶水果，夏威夷人做的水果沙拉是一絕。此處介紹的就是其一，而且端上桌非常賞心悅目。

6人份 🕙（D）

1顆很大顆的新鮮鳳梨

2顆柳橙

2顆新鮮梨子

1杯無籽白葡萄

½-¾杯水蜜桃片，冷凍或新鮮皆可

新鮮白櫻桃，去核

新鮮草莓或覆盆子

4大匙糖

2顆檸檬的汁液

椰絲（隨意）

　　首先，將1顆很大顆的鳳梨縱切對半，鳳梨心整個剖開。務必要挑選葉子漂亮且沒有破損的鳳梨，因為葉子要保留下來當裝飾。用一把利刀把各半的鳳梨心挖出丟棄。接著，小心地把果肉切下來（葡萄柚刀很好用），留薄薄一層果肉在多刺外殼的內壁。鳳梨殼留下備用。

　　在一只盤子上把取出的鳳梨肉切小丁或小瓣，流到盤子裡的鳳梨汁盛到杯子裡置旁備用。接著取一個大缽盆，開始混合你的仙饌，也就是水果沙拉。大部分的水果都適用，不妨試試以下的組合：2顆柳橙，削皮切成薄圓片，再把薄圓片對半切；2顆新鮮梨子，削皮切小塊；1杯白葡萄；½至¾杯冷凍或新鮮的水蜜桃片；少許去核的白櫻桃；切好的鳳梨塊以及些許草莓或覆盆子。全部混拌在一起，小心別破壞到果肉，加至少4大匙糖進去。再把2顆檸檬的汁液以及擱在一旁的新鮮鳳梨汁淋上去。整個移入冰箱冷藏數小時，徹底冰涼。

　　上桌前，把水果沙拉舀到鳳梨殼內，兩個半邊的鳳梨殼頭對尾並排放在一個大盤子上，也就是說，一個半邊的葉子對著大盤子的一端，另一半邊的葉子對著大盤子另一端，像我插圖畫的那樣。如果你想來點特別的，可再撒上椰絲。水果沙拉的量會比鳳梨殼的容量要多，鳳梨殼的容量其實不大；你可以保留一些水果沙拉冰在

冰箱，當客人想再吃一盤時再端出來，而客人一定會吃得意猶未盡。最後剩下來的綜合水果汁你可以用來做果凍，見頁91，當作隔天的甜點。

也許我應該補充一下，我享用過的夏威夷肉類料理都會搭配一款看似純真但最表裡不一的水果飲料（事實上是濃烈的蘭姆酒調酒），裝在插了一根吸管的整顆鳳梨裡頭；用這種容器裝夏天飲料又漂亮又叫人驚豔。

中南美洲

墨西哥

四金字塔沙拉
Four Pyramids Salad

墨西哥混醬莫雷（*Mole*）是墨西哥人料理火雞時搭配巧克力和大量其他食材的經典手法。我不敢貿然試做莫雷醬烤火雞，因為它是墨西哥料理偉大繁複的奧祕之一，除了墨西哥人，而且是有慧根的廚子，才能做得到位，他們是這麼說的。我也認為拿一整隻火雞來實驗這道料理是很不務實的。不論如何，且讓我來告訴你它是怎麼被發明出來的，而我是在墨西哥南部城市瓦哈卡（Oaxaca）聽來的。

很久以前，西班牙人統治墨西哥期間，一位大公，即新西班牙總督——當時的墨西哥被稱作新西班牙——正式拜訪聖羅莎修道院（Santa Rosa），因為該院修女以廚藝享譽整個墨西哥。修女安潔雅是全修院手藝最出色的，她花了數日研發一些美妙的新菜色以禮遇這位顯赫的貴賓。

我們可以想見她終於著手烹煮日後變得出名的莫雷醬烤火雞的場面。修道院寬敞的廚房裡，地板鋪著紅瓷磚，一座開放式大壁爐鑲著藍色和黃色瓷磚的外框；修女們忙進忙出，她們捲起長衣袖，攪拌、剁切、拍

打……閃亮的大紅銅鍋、陶壺和碗盆；美麗的墨西哥農家女穿著鮮豔的裙子，打赤腳啪嗒啪嗒地走在地板上，有的去打水，有的在切菜；墨西哥驕陽曝曬戶外，老鐘樓發出鐘聲籠罩這一切，噹噹聲越過布滿仙人掌的山丘，飄向波波卡特佩特火山（Popocatepetl）和伊斯塔西瓦特爾火山（Ixtacihuatl），這兩座大火山佇立在那裡，今昔不變，見證數世紀宗教與政權的更迭。

　　安潔雅修女製作莫雷醬的其中一些食材如下。辣椒，是墨西哥產的奇波雷煙燻辣椒（*chilli chipotle*），一種火辣的小辣椒，比我們在英國所知的辣椒辣很多，還有丁香、甜椒和烘焙過的芝麻和花生、肉桂、杏仁、茴香籽、香草以及好幾大塊巧克力，全放在一起研磨。接著她要碾碎大蒜、洋蔥、番茄，要把不同食材搗磨得很細，在黃銅研缽裡不停地搗碎研磨。在墨西哥語裡，「mole」就是碾磨的意思。因此，安潔雅修女用來做成醬料搭配烤火雞的這套碾磨混拌的獨到功夫，就成了她這道菜色的名稱。當然，除了製作醬料之外，火雞也必須養肥，要一連好幾個星期餵食栗子和核桃，因此養出一隻散發著特殊香氣、格外華奢的禽鳥。看到這裡，你會同意這道菜大多數人都做不來。我反而會建議做四金字塔沙拉。

　　這道也是典型的墨西哥菜，無疑得名於聳立墨西哥

市周圍山丘上的太陽金字塔、月亮金字塔等大金字塔。
這些陡峭暗黑又險惡的馬雅遺址，至今在墨西哥全境仍
處處可見。

4人份 ⑪（S）

1顆熟成酪梨

2小顆洋蔥

2大顆熟成番茄，去皮

1/8小匙紅椒粉

鹽和黑胡椒（適量）

檸檬汁

萵苣葉

我知道酪梨在英國已經不再是奢侈品，但有時會過
熟，單吃並不好吃。這是把它消耗掉的好方法。

取1顆過熟的酪梨；去皮，連同切得細碎的洋蔥及
去皮的番茄一起搗成泥。加紅椒粉、鹽和黑胡椒調味。
拌勻後，擠一點檸檬汁進去，再次快速攪拌。混合好後
舀到每片萵苣葉上（墨西哥人用一種形似薄燒餅的玉
米餅〔tortilla〕來盛），塑成四座整齊的金字塔即可上
桌。當作夏日沙拉很棒。

在猶加敦半島（Yucatan），我們吃到的四金字塔沙

拉很不一樣。同樣是四座金字塔，但一座是酪梨泥，一座是洋蔥末，一座是番茄丁，第四座是乾麵包屑和羊奶起司的混合。每人隨意自行取用每一樣，可多拿一點或少拿一點。我們總是每一樣都吃好幾份。我們常在夜裡回到旅店，在一整天探訪隱沒於叢林的馬雅神殿後已飢腸轆轆。不管我們多早起床，路程總是漫長，叢林總是濃密，日正當中我們尚未抵達。在烈日無情照射下，我們在驚人的廢墟中蹣跚走著，每一步都踩落令考古學家垂涎的大量瓦礫和遺骸。有時可見圓滾滾的巨鬣蜥在我們一靠近時，就砰砰砰奔馳而過，並不是用滑行的。牠們是無害的動物——我認為相當吸引人——但慘遭人類獵捕，被視為珍饈，因為其肉質細緻口感像雞肉，我

在市場裡這麼聽說的。我在那裡看見幾隻不幸的鬣蜥等著變燉肉。在猶加敦州的首府梅里達（Merida）的市場裡，有一整條攤販街販售著符咒和神奇藥水、女巫釀飲、通靈師的春藥、邪氣的粉末、枯骨和乾皮，令人想起撒哈拉以南非洲念念有詞的巫醫。墨西哥各地居民迷戀死亡的象徵與節慶，從做成骷髏、靈柩、墓碑等等造型的各式甜點和蛋糕明顯可見。死亡始終是喜慶，是從活著這樁苦差事的解脫，對於奴工來說活著很苦。時常可以看到一群衣衫襤褸的可愛孩子在大仙人掌蔽蔭下，在揚起的塵土中玩耍，他們僅有的玩偶是骷髏造型杏仁餅，或糖製骷顱頭嵌著甘草糖製的眼窩。娃兒互送悚然的釘刑象徵──十字架、釘子和連枷造型的巧克力或戴棉花糖荊冠的太妃糖，這些神色凝重有著瞇縫眼的墨西哥娃兒個個津津有味地吸吮恐怖符碼。

墨西哥

辣豆醬
Chilli Con Carne

　　這是墨西哥國菜，配玉米餅吃，接著再來一片木瓜，就是典型的一餐，非常普遍，從墨西哥灣繁忙的大

港維拉克魯茲（Vera Cruz）的餐館，到太平洋海濱特萬特佩克（Tehuantepec）附近的小香蕉園都很常見；香蕉園裡，巨蚺被當作寵物或捕鼠獸，園內體型碩大的女人穿著亮黃、大紅和大紫的服裝闊步走著非常搶眼，她們頭上或肩上往往棲著鸚哥。我在特萬特佩克地峽看到的男人大多都在棕櫚樹之間的吊床打盹。似乎是老婆和女兒當家作主。在隔著街道爭相叫賣做生意之餘，她們口氣堅定對男人發號施令。有個男人正在做辣豆醬（*Chilli con Carne*）。他的作法如下。

4人份 🔟（MM）

450克（1磅）剁碎或切末的牛排

1大匙油

6顆熟成番茄，切碎

1½大匙辣椒粉

1顆青椒

1杯紅腰豆（泡水一夜）

4大匙水

2顆洋蔥，切碎

2粒蒜瓣，切末

1小撮黑胡椒

¼小匙鹽

2小匙麵粉

1小匙凱莉茴香籽

2大匙鮮奶油（隨意）

　　牛肉末下油鍋煎，用叉子攪散。煎黃後（約5分鐘），倒進有鍋蓋的大鍋裡，加入切碎的熟成番茄、辣椒粉、切絲的（去籽）青椒，浸泡一夜清水的紅腰豆和4大匙水。洋蔥切碎，與蒜瓣細末一起略微煎香，約5分鐘後也倒入鍋裡；再加1小撮黑胡椒和¼小匙鹽進去，務必蓋上鍋蓋以文火燜煮至少45分鐘。期間時不時小心地攪拌一下。接著取2小匙麵粉和1小匙凱莉茴香籽，把籽研磨細碎拌入麵粉裡。起鍋前，舀少許鍋裡的汁和凱莉茴香籽麵粉拌勻，再倒回鍋裡攪拌，直到鍋

中物變稠，約3至4分鐘。有些廚子會在最後一刻加2大匙鮮奶油進去，不過這不是必要的。

這是口味非常濃厚的一餐，墨西哥人會當中餐吃；若當晚餐吃，大抵會配些許玉米餅，如果是富裕人家的話，還會來一杯加了香草精的巧克力。在墨西哥市，由於高海拔的關係，晚上只吃非常清淡的食物。一條以鬥牛士雲集出名的街道滿是咖啡屋，他們和經紀人（看起來很像面孔瘦削的惡棍）、騎馬鬥牛士和所有靠鬥牛場吃飯的人，精心啜飲鮮奶油巧克力，這是他們唯一的營養品。

瓜地馬拉

聖徒醬
The Saint's Sauce

瓜地馬拉會讓人想到什麼食物？在鳳尾綠咬鵑（*quetzal*，瓜地馬拉國鳥）這麼出塵脫俗的生物居然真的存在的這樣一個國家，光是這個事實就讓它成了人們夢想中的仙境⋯⋯那裡有破舊的公車嘎嘎吃力地（但有效率地）駛上山區，經過阿蒂特蘭湖（Lake Atitlan）一片廣袤的碧藍色，再繼續上行，前往隱祕的高地村落譬

如奇奇卡斯德南哥（Chichicastenango），在這塊被世人
遺忘的魔幻土地上，公車似乎格格不入。

　　在這裡，當鳳尾綠咬鵑——有著翡翠綠色頭部和緋
紅色胸部的鳥，其亮綠色的長尾羽曾被用來製成蒙特祖
馬皇帝（Emperor Montezuma）的馳名斗篷（如今可在
維也納博物館看到）——飛掠過林間，瓜地馬拉印第安
人基伽族（Quiché）和馬雅族正忙著古怪儀式、巫術和

結合羅馬天主教禮俗與異教儀式的聖徒節遊行，徹夜通宵，你會聽到印第安人在深山裡發射煙火，安撫他們特有的原始神明。

這裡的貧窮到了極點，人們吃得節儉。如同墨西哥，玉米餅多半取代麵包。婦女們在街角、市場或自家後院的小爐子做玉米餅。不論你上哪，總會聽到把玉米餅拍扁的啪嗒啪嗒聲。那聲音對我來說，永遠是整個中美洲獨有的聲音。玉米餅需要用特殊的玉米粉來做，幾乎要花上一整天，因此我此處介紹比較簡單但也同樣經典的料理，根據傳說，1773年恐怖地震摧毀瓜地馬拉舊都安提瓜時，這款醬料始終好端端在爐火上煮著。安提瓜的修道院、教堂和宮殿仍在，美麗的遺址如今覆蓋著大量的熱帶花卉；破損的噴泉依舊噴著水，火山依舊聳立在廢墟遺跡之上，溫和地噴著煙，印第安人依舊湧入市集（在大教堂半毀的大拱廊下），依舊賣著、吃著與他們祖先吃的無異的東西：玉米餅、安吉拉捲（*enchilada*）（捲了餡料的玉米餅）、豆子、紅色櫻桃椒，喝被視為奢

侈品的咖啡或巧克力。不過我此處介紹的醬，當地西班牙裔仍在食用，印第安族裔則不太吃了。

據說地震後在總督府的一片斷垣殘骸中，這道醬料在鍋子裡被發現時毫髮無損；也許它得名於某聖徒之言：「上主行過鍋碗瓢盆之間。」也許它是一款用來佐配阿蒂特蘭湖特殊淡水魚的醬，但搭配蟹肉、龍蝦，或者在夏天時搭配冷盤的大比目魚排也很棒。

4人份 ⑪（MF）

675-900克（1½-2磅）大比目魚（扁鱈）剔骨魚片或任何白肉魚

6-8顆醃核桃仁

225毫升（¾杯）美乃滋

2大匙優格

鹽、胡椒、多香果

1顆檸檬，切四瓣

水田芥（隨意）

將大比目魚剔骨魚片放入加了½小匙鹽的水裡浸煮——也就是說，把魚肉放進剛好蓋過魚身的足量冷水中，煮滾後以小火保持微滾，每450克（1磅）滾煮10分鐘。煮好後用鍋鏟小心撈出，慢慢放涼。搭配聖徒醬

吃。製作聖徒醬要用小罐的醃核桃仁。將6或8顆醃核桃用粗篩網碾成泥。把核桃泥加到美乃滋裡，現成的美乃滋也可以，再把優格加進去。撒少許鹽和胡椒以及1小撮多香果粉調味。整個攪打混勻，然後盛在小碗裡。用切瓣的檸檬和原味水田芥沙拉點綴大比目魚排。

巴西

辣味魚冷盤
Hot-Cold Fish

大多數的巴西食物具有俗麗鮮豔的繁複特質，既奇異又原始，和該國的美妙風景很相稱。叢林植被環抱著里約熱內盧聳入雲霄的摩天大樓，有如綠色巨浪從山丘奔流而下，簡直勢不可擋。這活力盎然的原始森林似乎一心要戰勝人類世界。深入叢林不到數哩即可見猴子、美洲獅、蛇和一閃而過的鮮豔金剛鸚鵡。很少人深入亞馬遜河上游流域，據說那裡有被埋藏的神廟、寶藏和被遺忘的一整個文明，等著重新被發現。但我不受誘惑，因我聽聞那裡有龐然巨蟒——六、七十呎長的毒蛇，潛伏在沼澤等待獵物上門：牛隻、商人、獵人、探險者，也包括了我。我自知是個膽小的遊客，只待在葡萄牙風

情的巴洛克小鎮諸如巴伊亞（Bahia），而且最好是在嘉
年華期間；有華麗面具和我最想靠近的巴西動物——紙
漿怪獸。在嘉年華盛會、巴洛克教堂、叢林和里約時髦
的夜生活背後，飄盪著戈梅茲（Gomez）音樂，一種熱
帶歌劇，其中鳥兒鳴囀、鸚哥聒叫和巫毒教鼓聲，都迴
盪在宜人氣氛背後；一種甜美與野蠻的對比，同時也反
映在食物上。

　　在整個南美，黑豆和米飯是主食，總會添加火辣或
令人驚異的食材。在巴西，他們吃豆類配香腸或豬肉，
又或一種獨特的肉乾。豆子會和洋蔥、番茄和少不了的
大蒜一起燉。有時還會加辣椒和香蕉。豆子和香腸一起

燉煮的是黑豆燉肉飯（*feijoada*，被視為巴西國菜）。另一道經典的巴西菜是燉蝦濃湯（*vatapa*），這道魚泥佐蝦醬不難做，但就像很多外國食譜，其特色與真正的妙處有賴別處找不到的在地食材。不論如何，巴西有一種料理魚的經典方式很容易做，而且可以用來料理多種不同的魚肉。要在炎熱的天氣做一道冷盤魚肉，這種調理法格外好用。

4人份 🈴（MF）

675-900克（1½-2磅）剔骨魚片（歐鰈、比目魚、黑線鱈）

300毫升（1杯）白酒醋

150毫升（½杯）植物油

鹽

紅椒粉

花生或杏仁

些許卡宴辣椒粉

2片月桂葉

1大匙番茄泥

2小匙糖

2或3粒蒜瓣，壓泥

6顆大小適中的洋蔥

剔了骨的魚片用加了 ½ 小匙鹽、剛好蓋過魚身表面的水煮 15 分鐘，或者用烤箱開上火烤到微黃，然後用下述的混合液浸泡醃漬一夜。

把白酒醋、植物油、½ 小匙鹽、些許胡椒、紅椒粉、月桂葉、番茄泥、糖、蒜泥和去皮切薄片的洋蔥全部混合在一起。充分攪拌後，全數倒進淺盤裡，再把煮熟放涼的魚肉放進去；魚肉應被汁液恰好蓋過表面，把洋蔥圈鋪在上面形成厚厚一層。隔日，瀝除汁液即可當冷盤食用（連洋蔥一起），配上馬鈴薯和番茄沙拉，並且豪邁地撒上卡宴辣椒粉，綴以先用奶油焙黃的花生碎粒或杏仁碎粒。就算是最乏味的魚肉這會兒也有了最辛辣爽口的滋味。

祕魯

馬鈴薯沙拉
Huancaina Papas

在這蠻荒陌生的南美山區國家有一道特產，我相信其他地方的人從沒聽過。它是紫米漿（*mazamorra morada*），一種鮮紫色的果醬，用當地獨有的特殊植物做的（照理說它應該生長在有「紫色大地」之名的烏拉圭，烏拉圭盛產紫晶，甚至粗裁成厚板用來做花臺或圍籬）。一道祕魯印第安人普遍都會吃的更日常的菜色是馬鈴薯沙拉（*papas*），這些印第安人戴著尖頂紅帽，驅趕毛茸茸的溫馴大羊駝，長途跋涉至市集，販賣一些用品、籃子、陶器和蔬菜。他們在路邊野餐，配著櫻桃椒生吃從湖裡釣來的魚；或者吃燉魚湯（*chupe*），混了蛋和起司及其他食材的一種魚湯。「*Huancaina papas*」沒有字面上乍看的食人意涵，*papas* 的意思是馬鈴薯，不是爸爸。

6人份 🍴（S）

6大顆馬鈴薯

300毫升（1杯）奶油起司

150毫升（½杯）牛奶

1顆檸檬的汁液

鹽和胡椒（適量）

1顆大小適中的洋蔥或4至5支青蔥

2顆蛋黃，煮熟後壓泥

紅椒粉

　　馬鈴薯送進中火的烤箱，烤45分鐘應該就足夠了。或者你也可以把馬鈴薯浸入加了½小匙鹽，蓋過表面的水煮半小時。剝皮後搭配下述方法做成的醬汁：取奶油起司，連同牛奶、1顆檸檬的汁液、鹽和胡椒、切細碎的洋蔥或切末的4至5支青蔥（加青蔥為佳）、2顆蛋黃泥以及些許紅椒粉一起攪打均勻。這道醬汁可以吃冷的，或者略微溫過，別把它加熱，否則就毀了。這是很棒的野餐，馬鈴薯可以用火烤熟，醬汁可以盛在大碗裡置於席中央，讓大家自行取用。

古巴
摩爾人與基督徒
Moors and Christians

　　在古巴，鄉下人會吃一道名稱古怪的菜，叫「摩爾

人與基督徒」，用黑豆和白米做的。這是古巴人天天吃的尋常料理，當他們結束一整天捕魚或在蔗糖種植園的工作，晚上回到家，會一頭倒在家門口寬大的吊床上休息，那是從棕櫚葉屋頂的一角往外懸吊的織網。這些加上一張桌子往往就是他們僅有的家當。吊床慵懶地在門外晃蕩，屋外有個小炭爐，豆飯在爐上燉，有個孩子拿扇搧爐火；幾條瘦巴巴的狗在聳入熱帶星空的羽毛狀棕櫚樹下覓食，有個女人點亮一盞小油燈──這就是古巴村莊典型的景象。而這是他們吃的典型晚餐。

4人份 🍽（MV）

2杯扁豆（lentil）或黑豆

1.2公升（4杯）水

鹽和胡椒（適量）

1大粒蒜瓣，切末

1顆洋蔥

新鮮荷蘭芹，切末

米飯（煮熟，最好是秈米）

　　要煮這道料理，前一晚就要著手。把黑豆放入1.8公升（6杯）水浸泡一夜，假使你買不到黑豆，用扁豆來做也很棒。隔天，在用餐前的兩個小時，瀝出黑豆，

放進裝了1.2公升（4杯）清水的鍋子裡，連同鹽和胡椒、蒜瓣切末和剝皮切對半的洋蔥一起加入，蓋上蓋子以小火燜煮2小時或煮到軟。接著瀝除鍋中液體，加一塊奶油進去，再撒上1把新鮮荷蘭芹細末，配上米飯（做抓飯用的巴特納秈米口感最棒，見頁162）。

你可以加蛋，並搭配醬汁：番茄醬或融化的奶油，甚至是細緻的荷蘭醬（見頁270）。

海地

僵屍的祕密
Zombie's Secret

海地這座島充滿了傳說。人們會告訴你巫術和符咒無所不在。入夜後，在首都太子港（Port-au-Prince）周圍的棕櫚樹叢和熱帶園圃的那一頭，你會聽見從遠方山腰上的村落傳來巫毒鼓怪異的節奏和歌舞聲，通宵達旦，透著陰森不祥的氣息。

居民說一口優雅的老式法語，說不定可溯自十八世紀法國占領時期。他們也會告訴你僵屍的詭異故事。古時候當可憐的奴隸死了，據說巫術可讓他們起死回生，但只能回到一種半死不活的狀態，他們可以到處走動，

像夢遊半睡半醒，一小時又一小時耐心地工作。他們從不說話，幾乎不進食，因此被沒良心的農場主人用來當廉價奴工。（我必須承認，我也很想找一個在廚房裡幹活。）他們就是「殭屍」，相傳沒有自由意志，所以會聽命做任何事。邪惡的人有時會指使他們犯下滔天大罪。雖然那段歲月已經過去了，海地人依舊記得古老傳說，仍然提起殭屍⋯⋯

　　山區裡一道名叫「殭屍的祕密」的料理就會讓人想起往日傳說。據說那是一位苦命奴隸的拿手料理，那奴隸死了之後變成殭屍，於是日復一日做給所有人吃。後來有天他突然消失不見，沒有人知道他的下落，也沒人能做得同樣好吃。

6人份 🍴（D）

2顆酪梨

2條香蕉

1條奶油起司，硬質的

2大匙椰絲

1小匙肉桂粉

2大匙糖

300毫升（½品脫）鮮奶油

2小匙超濃咖啡或咖啡精

　　酪梨去皮去核，切成大約2.5公分（1吋）厚的塊狀。加入切成薄片的香蕉和切成小塊的奶油起司。接著撒上椰絲和摻了糖的肉桂粉（大約3大匙糖對1小匙肉桂粉）。冷藏冰涼。把鮮奶油打發，拌入加糖的濃咖啡，混勻淋在冰涼的混合物上即成。

馬丁尼克島

克里奧的誘惑
Creole's Temptation

　　美麗的熱帶島嶼馬丁尼克島（Martinique）以美食和美女聞名，其中一位美女就是約瑟芬，後來嫁給拿破崙成為法國皇后。這一道料理據說是約瑟芬的最愛，也是她引介到法國來的，當時她說的做的穿的吃的，總是引領風騷。

　　這絕不是減肥食品，當愛慕虛榮又很在意外表的皇
后花下大把時間在她心愛的花園忙活，無疑是在消耗如
此放縱口慾可能帶來的不良後果。

6人份的派對食物 🔟（D）

2顆雞蛋

4條香蕉

1杯白麵包屑

½杯糖粉

1大顆檸檬

½顆柳橙

4小匙奶油

300毫升（1杯）牛奶

　　雞蛋打散，加入切段的香蕉、麵包屑和糖粉。擠出
1大顆檸檬和半顆柳橙的汁液，濾除果肉渣後加進去。
將半顆檸檬的皮磨成屑，再一併加進去。融化4小匙奶
油，注入牛奶混勻，然後也倒進去。用一根大湯匙把混
合物整個壓成泥。

　　在一口有蓋子的模具內壁塗抹奶油，撒上糖粉。把
上述的布丁混合物倒入模具，再把模具放入裝了半鍋水
的大鍋內，如果水太多的話，沸滾時水會漫溢到布丁

裡，把它搞砸。

　　烤箱轉中火，模具連同鍋子整個移入烤箱，烤一個半鐘頭。期間要不時查看一下，確認水沒有乾掉，假使水位很低，補水進去。

　　烤好後，從裝熱水的鍋裡取出模具。將一把刀子放入滾水中浸泡一下，然後把刀沿著模具內壁劃一圈，讓布丁和內壁脫離。

　　將盛布丁的盤子倒扣在模具頂端，蓋上毛巾同時抓穩兩者，然後上下翻轉。移走布丁的模具，需要的話輕拍底部，讓布丁鬆脫。趁溫熱吃，配上摻了一點熱水和檸檬汁的稀釋杏桃醬或草莓醬（見頁23關於製作果醬料的說明）。馬丁尼克島居民很可能佐上蘭姆水果調酒，我偏好在吃完後來一杯黑咖啡。在馬丁尼克島，他們可能也會調一杯知名的惡魔咖啡（*Café Diable*）。其作法是，把1顆柳橙切半，挖除果肉和籽，放入2塊方糖，以及切碎的1小片月桂葉、2顆丁香、1大撮肉豆蔻粉和另1大撮肉桂粉、少許薑粉以及2小匙白蘭地。把半邊柳橙斜斜放進一杯濃黑咖啡中，等咖啡滲入柳橙內，點火引燃淋上白蘭地的方糖。火熄滅後，將柳橙翻倒，讓所有內容物融入咖啡裡。

北國

加拿大

明太子派
Cod's Roe Pie

　　在北方凍原上朝向北極荒原和厚苔澤地區的大片行跡，令人想起加拿大皇家騎警追捕歹徒穿越覆雪的寂靜森林，偶爾騰出時間為自己煮一片馴鹿肉，或者被視為珍饈的熊掌。這是《白色處女地》（*Maria Chapdelaine*）[1]和《白牙》（*White Fang*）[2]以及其他許多迷人小說和電影的場景。大體而言，我寧可坐在電影院厚絨布座椅上舒坦地從遠處欣賞那些地方。加拿大有長長海岸線、大湖泊和鮭魚養殖場，魚類也許是最常吃的食物，儘管豬肉和豆類及豌豆湯也是基本菜色。這裡是一道魁北克人料理明太子的食譜。

---

[1] 法國作家路易斯·希蒙（Louis Hémon）1913年居住在魁北克時完成的浪漫小說。後改拍成電影。

[2] 美國作家傑克·倫敦（Jack London）1906年出版的動物小說，背景是19世紀末加拿大西北方克朗代克地區淘金熱。

4人份 🔟（F）

675克（1½磅）新鮮明太子

1把荷蘭芹細末

1杯麵包屑

2顆水煮蛋

鹽和胡椒

1小匙鰻魚糊

1大匙油

1小匙檸檬汁

1杯熟馬鈴薯，切片或薯泥均可（或麵包屑）

奶油

　　新鮮明太子煮約15分鐘，去膜後切小片。跟1大把荷蘭芹細末、麵包屑、切碎的水煮蛋、鹽和胡椒、鰻魚糊、油和檸檬汁充分混合。拌勻後，倒入派盤或焗烤盤裡，覆上一層煮熟的馬鈴薯，薯片或薯泥皆可，如果有吃剩的馬鈴薯的話。如果沒有，也可以放上厚厚一層麵包屑，再均勻散布數小塊奶油。送入中火烤箱烤半小時即成。

冰島

月光
Moonshine

　　這道銀色甜點似乎就該屬於冰島這個北方雪國。（雖然我唯一一次到那裡──轉機──吃的是火腿蛋。）我總愛想像在那冰封的神祕北國有冰宮存在，美麗的銀白冰雪公主們坐在冰雕寶座上吃著「月光」。假使冰宮深處有廚房這般日常的地方（為何不呢，那裡的溫泉噴泉想必可在廚房裡發揮功用），月光應該就是這樣做出來的。

4人份 🍴（D）

吉利丁粉，約25克（1盎司）

150毫升（½杯）冷水

600毫升（2杯）滾水

6大匙糖

3顆檸檬的皮屑

2顆檸檬的汁液

2或3顆蛋白

4小匙糖

　　把吉利丁粉放入冷水中溶解，靜置5分鐘。隨後倒進裝有滾水的平底深鍋中，再把糖和3顆檸檬皮屑加進滾水裡。整鍋煮15分鐘。煮好後用濾網濾到大碗裡；倒入2顆檸檬的汁液攪拌，靜置放涼。等它差不多涼了，用打蛋器或攪拌器打至呈現漂亮的雪白色而且相當堅挺的地步。移入冰箱冷藏，冰到變得堅實──2至3小時──然後整個倒扣到盤子裡上桌。盤飾的部分，把2或3顆蛋白加4小匙糖，打發成硬性發泡的蛋白霜，然後抹在甜點表面。

格陵蘭

愛斯基摩咖啡
Eskimo Coffee

　　這道食譜是派駐北極的首任郵政局長給我的，當今拜航空業和噴射機之賜，北極變得很近。當年我前往北極是從加州起飛，借道加拿大、哈德遜灣，越過北極冰冠和冰河上空（進入哥本哈根，共三十小時航行），那超凡絕俗的美，使得我緊貼著機窗，揮走空服員送來的一系列餐點，被下方美妙的月光景致給餵飽──其實是如癡如醉。那是盛夏時節，夜幕不會落下，午夜的太

陽照耀深夜，直到凌晨才沉落閃閃發亮的白色地平線，
沒多久又再度昇起，伴著一彎巨大的新月和一顆大星辰
——金星——投映在澄澈得像熱帶水域的碧藍色海洋與
湖泊。我想，海洋湖泊底下一定有很多珊瑚礁而非冰
山。在格陵蘭、巴芬島（Baffin Island）和靠近北極地
帶人煙稀少的島嶼上，愛斯基摩人聚居在棚屋和冰屋的
營地般小村落；他們划著窄小的獨木舟（kayak）掠過
水面捕魚，終年穿著厚厚的皮襖和大頂毛皮帽。在冰天
雪地的酷寒裡，他們仍設法過得舒適，我這麼想像。海
象肉和海鷗蛋是美味佳餚。那裡沒有牧場可養牛，所以
沒有牛奶可喝。我想像，牛隻對他們來說是神祕又遙不
可及的逸品，就像比方說荷屬印尼的科摩多巨蜥之於我

們英國人。愛斯基摩人以皮草和皮革交換咖啡和其他稀
有物資。在重大日子裡（北極地區郵政局開張無疑是其
一），他們喝一種用海鷗蛋做的蛋酒咖啡慶祝。也可用
常見的母雞蛋來做，作法如下。

4人份 （B）

4杯濃烈黑咖啡

4顆雞蛋

4-6大匙糖

　　煮一壺咖啡（4杯）。與此同時，把蛋和糖（端看
你喜歡的甜度）打散拌勻。咖啡離火，快速地把蛋液打
入咖啡中，趁起泡的狀態馬上享用。

　　你可以打造全然北極風情的夜晚，以鰻魚薯派（頁
101）作為開端，以月光（頁252）接續。

美國

餐桌上的美國

　　美國充滿了最令人愉悅的地方料理，其風土殊異的各區域，諸如劣地（Bad Lands）[1]、深南（Deep South）（此地的紐奧良食物聞名全球）、新英格蘭、西部，均各有其特色風味。然而當我們開車從紐約一路到好萊塢，途經奧克拉荷馬州、德州、科羅拉多州、內華達州和亞利桑那州，跨越相當遼闊的土地，我遇見的大多數美國人似乎都吃同樣的東西──漢堡、熱狗或冰淇淋，一成不變。不管是奧克拉荷馬州富有的石油世家──那裡無數人家的後院冒出油井鑽塔及其設備，鑽油讓這些人一夜致富──或是像我這種隨性開車旅行的人，又或在各市鎮的主要大街上騎馬奔馳的牛仔，甚或納瓦霍族印第安人（Navajo Indians）──從他們的保留區進城來──似乎全都以熱狗和冰淇淋為食。我第一眼看到真正的紅印第安人之際，就像心怦怦跳地等著第一眼看到真正牛仔時，令我相當傻眼。我在深夜抵達阿布奎基（Albuquerque），把行李留在一家汽車旅館──規畫高明的小平房，可以按夜出租，你把車子留在戶外，當它是栓繩的馬一樣。我沿著霓虹燈凌亂、看似沒有盡頭

1　指美國南達科他州的半乾旱溝谷地貌。

的大街步行，尋找晚餐。美國人晚餐吃得早，往往六點就用餐，因此九點就「打烊」了。但你隨時都找得到東西吃，就像在英國鄉下一樣。美國的藥房和小吃店從不打烊。夾在電影院、加油站、彈球機台房、廉價商店之間，每隔幾碼就有藥房或牛奶吧，全都一個樣。我有絕佳的理由轉進其中一家，因為它不是像洞窟般陰暗、播放電視喧鬧嘈雜的那種地方。吧檯上三個穿藍色牛仔褲的人坐在一起。他們戴平冠大黑帽，藍黑色烏亮的頭髮綁成長辮。他們是納瓦霍族印第安人，坐在鍍鉻的吧檯椅上，用吸管啜飲冰淇淋蘇打。我是看早期驚悚的西部片長大的——《黑鷹》（Black Eagle）或《亡者之谷》（Dead Man's Gulch）或《鴻毛顯神威》（One Feather Rides Again）——這些納瓦霍族勇士令人掃興。然後接著是我迎接的第一個牛仔。牛仔給我的最初印象，是從亞利桑那地平線上的漫天塵煙中，渾身帥勁策馬現身，腳套著馬鐙站立，領巾翻飛，馬刺叮噹響；他把花斑馬綁在拴馬柱，然後邁著大步走上大街，那雙修長過人的腿，在緊身的開疆褲（frontier pants）和浮華的淡藍色高跟短筒靴的襯托下更是驚人。到此為止，這經典印象一直不變。然而不久後，我在藥房看到一名牛仔，那裡從阿斯匹靈、唇膏到漢堡什麼都賣。他在試聽一張新的《布蘭登堡協奏曲》唱片，並對它的管弦樂編曲發表評

論。我傷心地轉身離去，想著真實的美國往往讓人覺得
電影都是騙人的。美國條子就是另一個例證。我們都很
熟悉那些警匪片裡機敏又寡言的硬漢。當他們活生生出
現在你眼前──大腹便便的一幫人──通常都坐在藥房
櫃檯，配著槍、數匣子彈和看起來髒兮兮的刀和警棍，
溫吞地喝奶昔閒蕩。

　　就像我先前說過，美國當然有一些絕佳的菜色，而
他們偏愛在肉類裡添加甜味的喜好，在形形色色的火
腿料理表現得最為出色。這類火腿通常會塗潤糖、糖
蜜（molasses）（一種糖漿），或者在肉表面到處嵌上丁
香，跟桃子或鳳梨一起煮。甜味會慢慢滲進肉裡，但
滋味非常細緻。假使你要餵飽一大群人，這會是一道相
當經濟實惠的菜餚，只是每當我一開始為製作這道菜餚
列出開支時，總會不禁打顫，想起我祖母快活的名言：
「現在先買，之後再想怎麼付。」但要辦一場比方說二
十人的自助式晚餐，而女主人沒有時間，廚房也沒有空
間可用的情況下，烤火腿就是答案。以下是我以前在紐
約的作法，當時我的廚房只有車尾的行李箱那般大，光
是我和火腿在裡頭都嫌擠。

美國維吉尼亞州

維吉尼亞烤火腿
Baked Virginia Ham

多人派對 ⑪（MM）

1條火腿，熟的，生的也行

紅糖

甜味苦艾酒

芥末粉

柳橙

丁香

鳳梨圈或切半的桃子

假使你買熟火腿，烹煮的時間可降至最短，不過我總會用小火的烤箱烤至少1小時，即便火腿是熟的也一樣。如果是生火腿，每450克（1磅）的肉須烤20分鐘。因此，一塊5.5公斤（12磅）的火腿須3至4小時（可餵飽25至30人）。假設你從肉鋪裡買來一塊3公斤（7磅）的熟火腿，而且老闆已經幫你把皮去掉了（如果沒有，你得小心地自行去皮），把火腿送進中火烤箱，不加水，烤個大約1小時。接著取出火腿，用一把鋒利

的刀在厚實的肥肉表面整個切劃出十字交叉格紋。把紅糖、苦艾酒、芥末粉和柳橙汁或橙皮屑混拌在一起，塗抹在火腿表面，使點勁揉進肉裡面。抹好後應該形成厚厚的一層糊。接下來把整粒丁香嵌進肉表裡，每個十字紋嵌一粒，因此嵌好後整支火腿看起來會像釘滿了釘子。把火腿再送回烤箱裡，在烤盤裡原本的油脂裡額外摻一些苦艾酒或柳橙汁，續烤¾至1小時，期間要經常在肉表塗潤油脂。辛甜的芥末味會滲入肉裡，外表的那層糊會定型，形成光滑面。這道氣派十足的菜餚可以熱熱地吃，也可以當冷盤。以我個人來說，我認為微溫的狀態吃最美味——大概是唯一一種微溫狀態下會好吃的食物——所以，務必在晚餐開動前至少一個半小時移出烤箱，因為它回溫很慢。在回溫過程中，肉會變得結實，也比較容易切開，表面的那層糊會凝固成濃郁堅硬的表層。有些美國人會把鳳梨圈或切半的桃子甚至冰糖櫻桃排在火腿四周圍一圈。不論如何，它不愧是美國最佳料理的代表。

美國

起司蛋糕
Cheese Cake

美國人對熟布丁沒那麼熱衷。他們更喜歡冰淇淋（而且會配著蘋果派吃，他們認為吃蘋果派很時髦），或一系列清爽的水果拌鮮奶油霜，或是「冰盒蛋糕」（ice-box cake），也就是把濃郁、可口、無須烹煮的東西層層混搭起來，送進冰箱冷藏定型，可說是冰鎮料理。在所有美國甜點中，我最喜歡起司蛋糕，在我想像中，到了天堂吃的就是這種食物。有一陣子，美國最有人氣的牌子突然缺貨，儘管當時我人在距美國四千哩外的地方，還是陷入一片愁雲慘霧；後來那牌子的起司蛋糕又再度上市，一位老朋友還因此特地打電報通知我，我永遠感激他。之後沒多久，我準備另一趟美國行時不禁在想，如果我在提出入境申請的理由那一欄坦率寫下：「想吃某某牌子的起司蛋糕想得要命。」不知美國政府做何感想。這道美食有各種作法，我當然要提供給你不用烤箱的冰盒蛋糕方法。

10人份 🔟（D）
2大匙吉利丁粉

2顆雞蛋，分蛋

1杯白糖

4顆柳橙的汁液

3杯奶油起司

1杯打發用鮮奶油

2大匙融化的奶油

1小撮鹽

½杯甜餅乾屑──蘇格蘭奶油酥餅或巧克力餅乾皆可

在隔水加熱的鍋子裡，混合¾杯糖、吉利丁粉、1小撮鹽。把蛋黃和柳橙汁打勻，倒入吉利丁和糖裡，整個（隔著滾水）慢慢煮，持續攪拌。大約10分鐘就會整個變稠，離火放涼。接著拌入奶油起司，充分拌勻。繼續放涼，直到變得相當結實。現在把蛋白打發到堅挺，加入剩下的¼杯糖進去。再把蛋白霜加入吉利丁和奶油起司裡持續打發，接著加入打發的鮮奶油。使勁將整個都打勻，然後倒進深槽蛋糕模中，在表面鋪上你先用些許溫奶油攪打過的餅乾屑。送進冰箱「調理」，可能的話放上一夜。這個起司蛋糕的大小應該夠十個人吃，但永遠不夠我吃，我想這是我最愛的食物。

附錄

Raisins Dill Tea Ham cream Jam wine cats fish dogs milk

EXTRAS

六款基礎醬料

一旦你學會做這些醬汁，你的料理就可以變化層出不窮的風味。

許多醬汁的基底是奶油炒麵糊（*Roux*），「Roux」是法文，音同「鹿」。它是麵粉和奶油的混合，作法如下：2大匙奶油加入醬汁鍋，鍋子熱了以後，加2大匙麵粉進去，不斷攪拌直到麵糊的質地滑順。如果在鍋裡拌炒久一點，麵糊可能會變黃，也許這就是你想要的。如果你要做醬汁搭配肉類，那最好把麵糊炒黃。鍋子離火，徐徐注入300毫升（1杯）液體，以小火充分攪拌，直到變稠。調味即成。

貝夏美醬（Béchamel Sauce）是按上述作法做的醬汁再加入牛奶，但是加牛奶之前，千萬別把麵糊炒黃，因為這是一款白醬。

你可以在貝夏美醬裡加很多不同的食材把它變成其他醬汁。如果你加1大匙起司絲，就成了起司醬。加1小匙鯷魚精，就是一款佐魚肉的醬汁。相反地，如果加1大匙糖和1小匙香草精，就是搭配甜點的甜醬汁，只是在我看來，這樣的醬汁和糨糊很像。

巧克力醬和其他水果醬可以買現成的。如果你想自己動手做，有兩種簡易的作法。

巧克力醬。用1大匙熱水融化一條巧克力或6大匙可可粉。接著一點一點地加更多熱水或溫的鮮奶油進去，直到它呈現你要的稠度和質地。如果要熱的醬汁，就在爐上（小火）加熱。你可以加入打散的一顆蛋黃液進去讓它更濃郁，但要很小心，不能讓它過熱，否則蛋黃會熟到變成某種炒蛋，你的醬就毀了。

在這款醬裡加1小匙的香草精或蘭姆酒滋味會很棒。

水果醬。製作水果醬（sauce）最簡單的方法，是把¼杯品質好的果醬（jam）連同1或2大匙水和半顆檸檬的汁液一同加熱。杏桃、櫻桃、覆盆子⋯⋯各種水果醬都可以按這個方法做。檸檬汁可避免醬汁太甜。或者，你可以用果汁來做，一樣要加幾乎等量的糖進去，以快火熬煮，濃縮成黏稠的醬汁。

蜂蜜醬。它搭配所有的水果沙拉和大部分的布丁都非常對味。把1顆柳橙和1顆檸檬的皮刨成屑，總共要有一大匙的量。把果皮屑和這兩顆水果的汁液混合，加到1顆蛋的打散蛋液和½茶杯的淺色蜂蜜（light honey）的混合液裡，以小火慢熬（或隔水加熱），煮到變濃稠。放涼再上桌。

速成美乃滋。一般而言，我不喜歡速成的下廚小撇步，這會犧牲品質。但這個製作美乃滋的方法可省去慣

常的冗長步驟。

　　取1顆煮得非常熟的水煮蛋蛋黃（煮10分鐘），壓
成泥後加1顆生蛋黃進去。接著加入4或5大匙油以及
些許鹽和胡椒，取兩把叉子（用單手握著），輕快地攪
打蛋黃糊。可以依照你要的質地，多加一點油進去持續
攪打。不出幾分鐘，你要的美乃滋就完成了。

　　荷蘭醬（Sauce Hollandaise）。這款醬格外適合佐
配自成一道菜的蔬菜，比方說韭蔥、煮熟的小黃瓜或白
花椰菜。在醬汁鍋裡，把4顆蛋黃和5大匙冷水打勻。
接著放進下層水已經滾了的雙層平底鍋裡隔水加熱；隨
著蛋液逐漸溫熱、持續攪拌的同時，加4大匙的奶油進
去，一小塊一小塊地加，讓它隨著你攪打而融化。當醬
汁開始變稠就完成了。萬一醬汁看似結塊，把鍋子離
火，加滿滿1小匙冷水進去，繼續攪打，醬汁就會恢復
原先的滑順濃稠。

肉汁

（用於烤肉）

　　不講究的人會用現成的肉汁，讓所有肉類料理嘗起
來或看起來都一個樣──濃稠、暗黑又無趣的一團東
西。搭配烤肉的肉汁應該依各自情況使用的肉類──小

牛肉、羔羊肉或牛肉——燒烤時所滴淌的油脂及其滋味來做。

　　把烤好的肉取出烤盤後，倒掉烤盤內大部分的油脂，留下大約2或3大匙的油量在烤盤裡。接著在熱油裡撒上大約1大匙麵粉，充分混勻。把所有油糊結塊都打散後，注入300毫升（1杯）冷水，置於爐上煮一會兒。持續攪拌，並加入少許鹽和胡椒調味。你的肉汁應當濃郁、深黑、可口，而且嚐得到烤肉的滋味，而不只是「肉汁」而已。

茶的注意事項

　　茶在不同國家有不同的喝法，有時它簡直像濃湯，有時像某種酒，就看你在什麼地方喝茶。你我認識的大多數人喝茶會加牛奶和糖，但這種喝法會讓中國人和日本人驚愕，這些喝茶的始祖會用小巧的茶碗喝，茶色淡雅，不摻牛奶也不摻糖。但在澳洲，茶煮得非常非常濃，幾乎呈黑色，而且會煮上一整天（那是趕牲口的人或牛仔，在放牧地喝的茶），煮到茶色黑得像咖啡。如果手邊有牛奶的話，他們會加進去，而且會加大量的

糖；我稱之為茶湯。俄羅斯人和波蘭人用玻璃杯喝茶，
通常會加一片檸檬，從茶炊——某種用滾水煮茶的茶壺
——倒出茶水，持續澆淋在檸檬片上。他們喝茶喜歡加
一匙果醬。我認識的一些老派農夫會把方糖咬在齒間，
隔著方糖把茶水吸入口發出聲音，以表達他們的滿足。
在西藏，他們會在茶裡加大塊的犛牛脂或奶油。

在阿根廷，他們喝一種特殊的馬黛茶（*maté*），是
用味道濃烈的香草煮出的；這是高楚人（gaucho）[1]或阿
根廷牛仔最喜歡的飲料。法國人很少喝茶，他們偏好
咖啡。如果你請他們喝茶，他們往往會說：「不了，謝
謝。我身體好得很。」——這意味著他們把茶當藥水
喝，也許是治傷風感冒。但他們喝草本茶（*tisane*），一
種藥草茶，有各種不同風味：薄荷、洋甘菊等等。這些
草本茶理當有益消化，你往往會看到某個法國家庭圍坐
餐桌好幾個鐘頭，享用五或六道菜的豐盛晚餐：湯、魚
肉、紅肉、沙拉、起司、甜點、咖啡和酒，之後個個焦
急地要一杯草本茶。如此飽餐一頓也許還真需要一杯草
本茶消脂解膩。

英國人大多數都愛喝茶。對倫敦來說，茶壺是城市

---

[1] 由印第安人和西班牙人長期混血而成、保留較多印第安文化的拉丁美
洲民族，主要分布在南美洲高原上。

的象徵，就像噴泉之於伯恩，或公廁小亭子之於巴黎。
運動賽事或聯誼慶祝都有一杯杯的茶穿插其間，在德
比（Derby）和白金漢宮花園宴會都可以看見電鍍或鍍
金程度不一的茶壺。戲劇的中場休息也提供了空檔讓觀
眾趕到吧檯喝一杯，而且出人意外的是，茶水很暢銷；
午後場也因為四處可見的茶盤令人不快，茶總在幕剛拉
起的一刻才抵達，而且必定在一陣低語、致歉和零錢的
噹啷聲之中傳遞。演員也得忍受他們的嗓音必須壓過茶
杯的碰撞聲；不過他們都訓練有素，因為英國喜劇有很
多茶桌場景，如實依照喝茶慣例，「方糖一塊或兩塊？
牛奶？檸檬？那麼再一杯吧……」總會出現這麼一段對
話。

　　大致上有兩大類的茶最常見，雖然進一步細分多不
勝數。中國茶風味細緻，印度茶則屬濃韻。全關乎個人
品味。我發現，不管哪一種都很少有人沏得好。水一定
要煮沸，一人一匙茶葉，一人一壺是老規矩。茶不能一
直泡著，要馬上飲用。茶包（順道一提，一定要裝在密
封罐內）裡加一點風乾的檸檬皮絲或橙皮絲，可增添迷
人又細緻的奇特滋味——儘管好茶本身就應該夠迷人、
奇特和細緻。

　　切記，清理茶葉時千萬別直接沖進水管裡。茶葉會
阻塞水管，麻煩得很。

　　這個嚴肅務實的提醒，似乎很適合拿來作結語。對於大多數人，水管的問題仍會使下廚的樂趣蒙上陰影。阻塞的水槽、塞滿的垃圾箱以及老式房屋和改建公寓裡處理廚餘的恐怖，在在叫人不敢領教。每當有人問我，在紐約最喜歡做的一件事，我總不假思索答道：使用大多數設備完善的廚房都會內建的垃圾滑道。手腕輕彈一

下，馬鈴薯皮、空瓶、紙袋、骨頭……難以處理又堆積如山的殘骸瞬間被永遠洞開的咽喉吞沒。（我曾經很羨慕無數較沒公德心的紐約人的中世紀作風，毫不猶豫地把自家垃圾往路邊排水溝丟，沒有丁點顧忌，把他們的城市弄得髒亂無比，卻又表現出一種「我死之後，哪管洪水滔天」的蠻不在乎，我覺得很讓人耳目一新。）

　　「這些汙穢的細節跟出色的料理何干？那不過是技術問題罷了。」我聽到你這樣說。由此可知，你下廚的時間不算久。在廚房裡，沒有「不過是技術問題罷了」這回事。哪怕只是小小的心血來潮，也要為清理這件事煩心。就像某個法國人送給情婦一台冰箱而非珍珠項鍊時說道：「人要有本錢才能做傻事」。

後記

　　如果你是初次下廚，記得設計菜單，籌畫一頓飯，就跟烹調料理一樣，也是一門藝術。要做一道精彩的湯，接著卻端上肉湯雜燴和糖煮水果，也屬徒勞。一頓飯下來整個胃裡頭都是湯湯水水。

　　不只吃的內容，口感、色彩與滋味也一樣要有變化——必須相互烘托，突顯彼此。比方說，如果主菜是鮭魚，就不要以番茄湯開頭；這樣整頓餐太粉紅了。如果甜點是奶油水果泥（fruit fool），就不要以起司舒芙蕾當前菜。也許最難應付的菜色是華奢的板油布丁，它會搶盡風頭，光是它的氣派和份量，就讓菜單上其他菜餚相形失色。在我看來，它應當壓軸，相應地用簡單食物當前菜，譬如炙烤魚或烤雞、自成一道菜的沙拉，然後就上板油布丁。我建議你多讀多收集食譜書，食譜書盡量多變化，從果仁餅的養生路數到畢頓夫人（Mrs. Beeton）[1]

---

[1] Isabella Mary Beeton，1836-1865，英國記者、作家，代表作為《畢頓夫人的家政管理書》（*Mrs Beeton's Book of Household Management*），為十九世紀受惠於殖民主義與工業革命的英國新興中產階級所寫的餐桌禮儀和烹飪手冊。

的豪華盛宴。這些書會給你點子，它們永遠是我最愛的床頭書。一位突尼西亞廚子（他不識字）總愛鑽研我收藏的食譜書。它們給我很多靈感，他說。

　　但願我這本書也會對你起同樣的作用。

國家圖書館出版品預行編目（CIP）資料

環遊世界80碟菜／萊斯蕾·布蘭琪（Lesley Blanch）
著；廖婉如譯. -- 初版. -- 臺北市：馬可孛羅文化出
版；家庭傳媒城邦分公司發行, 2020.03
　面；　公分. --（當代名家旅行文學；147）
譯自：Round the World in 80 Dishes: The World Through
Kitchen Window
ISBN 978-986-5509-06-4（平裝）

1.飲食　2.文集　3.旅遊文學

427.07　　　　　　　　　　　　　　　108021647

【當代名家旅行文學】MM1147

環遊世界80碟菜

Round the World in 80 Dishes: The World Through Kitchen Window

作　　　者✦萊斯蕾·布蘭琪（Lesley Blanch）
譯　　　者✦廖婉如
封 面 設 計✦蕭旭芳
內 頁 排 版✦張彩梅
總　策　劃✦詹宏志
總　編　輯✦郭寶秀
責 任 編 輯✦力宏勳
特 約 編 輯✦席　芬
行 銷 業 務✦許芷瑀

發　行　人✦涂玉雲
出　　　版✦馬可孛羅文化
　　　　　　10483台北市中山區民生東路二段141號5樓
　　　　　　電話：(886)2-25007696
發　　　行✦英屬蓋曼群島商家庭傳媒股份有限公司城邦分公司
　　　　　　10483台北市中山區民生東路二段141號11樓
　　　　　　客服服務專線：(886)2-25007718；25007719
　　　　　　24小時傳真專線：(886)2-25001990；25001991
　　　　　　服務時間：週一至週五9:00～12:00；13:00～17:00
　　　　　　劃撥帳號：19863813　戶名：書虫股份有限公司
　　　　　　讀者服務信箱：service@readingclub.com.tw
香港發行所✦城邦（香港）出版集團有限公司
　　　　　　香港灣仔駱克道193號東超商業中心1/F
　　　　　　電話：(852) 25086231　傳真：(852) 25789337
馬新發行所✦城邦（馬新）出版集團 Cite (M) Sdn Bhd.
　　　　　　41-3, Jalan Radin Anum, Bandar Baru Sri Petaling,
　　　　　　57000 Kuala Lumpur, Malaysia.
　　　　　　電話：(603) 90563833　傳真：(603) 90576622
　　　　　　讀者服務信箱：services@cite.my
輸 出 印 刷✦中原造像股份有限公司
初 版 一 刷✦2020年3月
定　　　價✦380元

Round the World in 80 Dishes: The World Through Kitchen Window by Lesley Blanch
First published in English by Grab Street, London, England
Text Copyright © Carol Bowen 2014
This Edition is published by arrangement through Big Apple Agency, Inc., Labuan, Malaysia.
Tradition Chinese edition copyright: 2020 by Marco Polo Press, a Division of Cité Publishing Ltd.
All rights reserved.
ISBN：978-986-5509-06-4

城邦讀書花園
www.cite.com.tw